太阳能电池工作原理、技术和系统应用

任现坤　等著

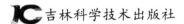吉林科学技术出版社

图书在版编目（CIP）数据

太阳能电池工作原理、技术和系统应用 / 任现坤等

著. -- 长春 ：吉林科学技术出版社, 2024.5

ISBN 978-7-5744-1296-5

I. ①太… II. ①任… III. ①太阳能电池—研究

IV. ①TM914.4

中国国家版本馆 CIP 数据核字(2024)第 088074 号

太阳能电池工作原理、技术和系统应用
TAIYANGNENG DIANCHI GONGZUO YUANLI/JISHU HE XITONG YINGYONG

作　　者	任现坤　丁　亮　陈　冲　马玉英
出 版 人	宛　霞
责任编辑	杨超然
封面设计	树人教育
制　　版	树人教育
幅面尺寸	185mm×260mm
开　　本	16
字　　数	230 千字
印　　张	10.25
印　　数	1-1500 册
版　　次	2024 年 5 月第 1 版
印　　次	2025 年 1 月第 1 次印刷
出　　版	吉林科学技术出版社
发　　行	吉林科学技术出版社
地　　址	长春市南关区福祉大路 5788 号出版大厦 A 座
邮　　编	130118

发行部电话/传真　0431—81629529　81629530　81629531
　　　　　　　　　　81629532　81629533　81629534

储运部电话　0431-86059116

编辑部电话　0431-81629510

印　　刷	长春市华远印务有限公司
书　　号	ISBN 978-7-5744-1296-5
定　　价	51.00 元

前　言

太阳能电池，是一种利用太阳光直接发电的光电半导体薄片，又称为"太阳能芯片"或"光电池"，它只要被满足一定照度条件的光照度，瞬间就可输出电压及在有回路的情况下产生电流。在物理学上称为太阳能光伏（Photovoltaic，缩写为 PV），简称光伏。

随着太阳能电池行业的不断发展，内业竞争也在不断加剧，大型太阳能电池企业间并购整合与资本运作日趋频繁，国内优秀的太阳能电池生产企业愈来愈重视对行业市场的研究，特别是对产业发展环境和产品购买者的深入研究。正因为如此，一大批国内优秀的太阳能电池品牌迅速崛起，逐渐成为太阳能电池行业中的翘楚。

现在我们生活中，对太阳能电池的使用场景非常多。太阳能电池具有可靠性高、寿命长，适合多种特殊环境和场合，逐渐取代了硒光电池。目前太阳能电池已经应用到了工业、农业、科技、日常生活中。太阳能电池具有安全、清洁、可持续等优势，未来的应用也将会越来越广泛。当然，目前太阳能电池的效率和成本还有待进一步提高，但是基于对未来发展的信心相信太阳能电池一定会在各个领域中发挥更大的作用。

本书共分为七章。第一章概述了太阳能、太阳能发电的意义、特点及发展，以及太阳能电池。第二章介绍了太阳能电池基础知识，包括半导体材料、能带模型、载流子、光学减反射膜、PN 结特性、单晶硅的基本光学性质及太阳能辐射。第三章介绍了太阳能电池的工作原理，包括 PN 结晶体、硅太阳能电池、光电流和光电压、漂移电池的作用和背电场电池、太阳能电池的量子效率与光谱响应、及太阳能电池的光电转换效率及影响因素。第四章重点介绍地面应用的晶体硅太阳能电池的一般生产制造工艺。第五章介绍了太阳能电池组件及其组件的测试，包括太阳电池组件、太阳辐射和太阳模拟器、单体太阳能电池、非晶硅薄膜太阳能电池。第六章介绍光伏发电，对光伏系统中的光伏组件和光伏阵列、并网发电系统、独立系统、混合系统、以及光伏发电系统在其他方面的应用进行重点介绍。第七章介绍太阳能电池在交通领域、通信领域、太空中以及其他领域中的应用。

随着全球气候变化和环境恶化问题日益严重，人类对于清洁能源的需求越来越迫切。在这个背景下，太阳能发电作为一种绿色、可再生的能源，逐渐成为了人们关注的焦点。本文将从太阳能发电的原理、技术、应用以及未来发展等方面进行科普介绍，希望能让更多人了解太阳能发电，共同迈向绿色能源的未来之路。

随着科技的进步，太阳能发电技术将会取得更大的突破。未来的太阳能发电系统将更加智能化、高效化，成本也将逐渐降低。此外，随着全球对碳排放的关注，太阳能发电将成为未来能源发展的重要方向。总之，太阳能发电作为一种绿色、可再生的能源，具有巨大的发展潜力和应用前景。让我们携手共进，共同迈向绿色能源的未来之路。

　　本书由李艳平、花萌负责审校工作。

内容简介

本书全面而深入地介绍了晶体硅太阳能电池的相关理论知识和应用，有助于读者了解太阳能电池发电的相关知识。主要内容包括硅太阳能电池的基础知识、晶体硅太阳电池的工作原理及相关工作特性、晶体硅太阳能电池及组件的制造工艺等。此外，对蓬勃发展的非晶硅薄膜太阳能电池和太阳能电池及组件相关特性的测量也做了简要介绍。

目　录

第一章　太阳能发电及太阳能电池概述

第一节　太阳能概述

一、太阳能

太阳能（Solar Energy）是由太阳的氢经过核聚变而产生的一种能源。在它的表面所释放出的能量如果换算成电能则大约为3.8×10^{19}MW。到达地球的能量中约30%反射到宇宙，剩下的70%的能量被地球接收。太阳照射地球一个小时的能量相当于世界一年的总消费能量。可见来自太阳的能量有多么巨大。

人们推测太阳的寿命至少还有几十亿年，因此对于地球上的人类来说，太阳能是一种无限的能源。另外，太阳能不含有害物质，不排出二氧化碳，即使地域不同也不会出现不均匀性。

可见太阳能具有能量巨大、非枯竭、清洁、不存在不均匀性问题等特点，作为未来的能源是一种非常理想的清洁能源。如果合理地利用太阳能，将会为人类提供充足的能源。

二、太阳能利用的形式

如上所述，由于能源需求、人口的增加、环境污染以及可供开采的能源资源的减少等问题，人们不得不寻求解决这些问题的办法，而利用清洁、可再生的能源（Renewables Energy）可以解决这些问题。太阳能的利用就是其中之一。

太阳能利用的形式多种多样，如热利用、照明、电力等。热利用就是将太阳能转换成热能，供热水器、冷热空调系统等使用。利用太阳光给室内照明，或通过光导纤维将太阳光引入地下室等进行照明。在电力方面的应用主要是利用太阳的热能和光能。一种是利用太阳的热能进行发电，这种方法是利用聚光得到高温热能，将其转换成电能的发电方式；另一种是利用太阳的光能进行发电，即利用太阳电池将太阳的光能转换成电能的发电方式。其他方面的应用有：使用太阳的热能和光能，

通过催化作用经过化学反应制造氢能、甲醇等燃料，这种能源直接利用方式的效率较高。另外，使用光催化的涂料可以分解有害物质。

三、太阳能发电

利用太阳电池发电是基于从光能到电能的半导体特有的量子效应（光伏效应）原理。太阳能发电（这里主要指利用太阳的光能）所使用的能源是太阳能，而由半导体器件构成的太阳电池是太阳能发电的重要部件。太阳电池可以利用太阳的光能，将光能直接转换成电能，以分散电源系统的形式向负载提供电能。

太阳能发电具有如下的特点：

（一）在利用太阳能方面

1.能量巨大、非枯竭、清洁；

2.到处存在、取之不尽、用之不竭；

3.能量密度低、出力随气象条件而变；

4.直流电能、无蓄电功能。

（二）将光能直接转换成电能方面

1.阴天、雨天可利用散乱光发电；

2.结构简单、无可动部分、无噪声、无机械磨损、管理和维护简便、可实现系统自动化、无人化；

3.可以方阵为单位选择容量；

4.重量轻、可作为屋顶使用；

5.制造所需能源少、建设周期短。

（三）构成分散型电源系统

1.适应发电场所的负载需要、不需输电线路等设备；

2.适应昼间的电力需要、减轻峰电；

3.电源多样化、提供稳定电源。

四、太阳能发电的现状

太阳能发电正得到越来越广泛地应用，应用范围已遍及民用、住宅、产业等众多领域。2011年世界的太阳电池年生产量已达到37GW，我国已达15GW；2011

年世界的太阳能光伏系统的年安装量为27.4GW，我国为2.2GW。

（一）太阳电池生产量

太阳电池生产量，从2000年到2012年期间，生产量呈指数函数增加。2001年世界的太阳电池累计生产量为0.87GW，2011年为89.81GW，是10年前的103.2倍。而我国2001年为7.6MW，2011年为40.4GW，10年间增加了5315倍，2011年是2010年的2.1倍。毫无疑问，未来10～30年全世界太阳电池生产量将会显著增加。

（二）全世界不同种类太阳电池的生产量

1996、1997年的单晶硅电池的生产量增加较快，约占晶硅系太阳电池生产量的一半。但由于多晶硅电池芯片为四角形，可有效地利用平板的采光面积，加之制造成本降低等因素的影响，1998年以后多晶硅电池的生产量增加很快，超过单晶硅电池的生产量。2001年的单晶硅电池的生产量约占晶硅系太阳电池生产量的30%，与1997年相比有了明显下降。2010年的晶硅太阳电池的生产量为20185MW，占世界太阳电池总产量的84%以上。可见，晶硅系太阳电池仍占主流。另外，其他种类的电池的生产量也有了较大的提高，CdTe为1437MW，薄膜硅Si为1169MW，CIS为426MW，a-Si单晶Si为400MW。

（三）太阳能光伏系统的装机容量

2000—2010年期间，太阳能光伏系统的装机容量。2001年全世界的累计装机容量为0.966GW，2011年为67.05GW，10年间增加了约69.4倍。我国2001年的累计装机容量为23.5MW（0.0235GW），2011年为3.524GW，10年间增加了150倍，2011年比2010年增加了3.28倍。可以预料，今后10～30年太阳能光伏系统的装机容量将会快速增加，随着太阳能光伏系统的应用与普及，将会出现配电系统局部集中以及大型并网系统大量普及的情况。

五、太阳能发电的未来

（一）拥有自己的发电站

太阳能发电有着广阔的发展前景，应用领域也在不断扩大。家庭可以拥有自己的发电站，发出的电能可优先自己使用，有剩余的电能可以出售给电力公司，并获得收益。

（二）变加油站为氢能站

由于燃料电池可能成为未来主要的能源供给方式，如家庭用燃料电池发电、燃料电池汽车、燃料电池充电器等，因此太阳能发电还可以用来制造氢能，变现在的加油站为氢能站，为燃料电池提供清洁、廉价的氢能源。

（三）充电站

随着太阳能光伏系统的应用与普及，以及电动车正逐步走向家庭，越来越多的家庭会在自己的住宅屋顶安装太阳能光伏系统，在自己的住宅安装充电站，使用太阳能光伏系统所发电能对电动车、电动摩托车以及电动自行车进行充电。另外，在地震灾害、电网停电等紧急情况下，可以使电动车中的蓄电池放电，为照明、通信以及家电提供电能，以解决无电时的用电问题。

（四）小规模电力系统的诞生

小规模电源系统由新的、可再生的新能源发电系统（包括太阳能光伏系统、风力发电、小型水力发电、燃料电池发电、生物质能发电等）、氢能制造系统、电能储存系统、负载等与地域配电线相连构成，成为一个独立的小规模电力系统。氢能制造系统用来将地域内的剩余电能转换成氢能，当发电系统所产生的电能以及电能储存系统的电能不能满足负载的需要时，通过燃料电池发电为负载供电。可以预料，小规模电力系统与大电力系统同时共存的时代必将到来，这将会使现在的电力系统、电源的构成等发生很大的变化。

（五）地球规模的太阳能发电系统

太阳能发电有许多优点，但也存在一些弱点。例如，太阳电池在夜间不能发电，雨天、阴天发电量会减少，无法保证稳定的电力供给。随着科学技术的发展、超电导电缆的发明与应用，将来有望实现地球规模的太阳能发电系统。即在地球上各地分散设置太阳能发电站，用超电导电缆将太阳能发电站连接起来形成一个网络，从而构成地球规模的太阳能发电系统。该系统可将昼间地区的电力输往太阳能发电系统不能发电的夜间地区使用。若将该网络扩展到地球的南北方向，无论地球上的任何地区都可以从其他地方得到电能，可以使电能得到可靠的供给、合理的使用。当然，实现这一计划还面临许多问题，从技术角度看，需要研究开发高性能、低成本的太阳电池以及常温下的超电导电缆等。

（六）宇宙太阳能发电系统

在地球上应用太阳能时，太阳能的利用量受太阳电池的设置经纬度、昼夜、四季等日照条件的变化、大气以及气象状态等因素的影响而发生很大的变化。另外，宇宙的太阳光能量密度比地球上高1.4倍左右，日照时间比地球上长4~5倍，发电量比地球上高出5.5~7倍。

为了克服地面上发电的不足之处，人们提出了宇宙太阳能发电（SSPS）的概念。所谓宇宙太阳能发电，是将位于地球上空36000km的静止轨道上的宇宙空间的太阳电池板展开，将太阳电池发出的直流电能转换成微波，通过输电天线传输到地球或宇宙都市的接收天线，然后将微波转换成直流或交流电能供负载使用。宇宙太阳能发电由数千兆瓦的太阳电池、输电天线、接收天线、电力微波转换器、微波电力转换器以及控制系统等构成。

第二节　太阳能发电

一、开发利用太阳能的重要意义

除提供能源外，太阳能光伏还有许多特殊优势，尤其是它可以为边远地区、特殊场合供电。考虑到太阳能光伏的附加价值，光伏发电的综合经济效益大大提升，因此不能单纯与传统发电模式比较单位发电成本。太阳能光伏可以降低温室气体和污染物排放、创造就业机会、保障能源安全和促进农村尤其是边远农村的发展。总之，发展太阳能光伏在经济、社会和环境保护方面有积极意义。

（一）替代化石能源

随着世界人口的持续增长和经济的不断发展，全球对能源供应的需求量日益增加，而在目前能源消费结构中，主要还是依赖煤炭、石油和天然气等化石燃料提供能源。

据报告称，全球能源长远发展趋势依旧。2011年全球一次能源消费增长2.5%，与过去10年平均水平基本持平，远低于2010年5.1%的增长率。特别是在我国，报告显示，2011年中国能源消费总量34.78亿t标准煤，比2010年增加2.29亿t，同比增长7.0%。据美国能源信息综合分析预测办公室于2007年5月发表的《2007能源形势》估计，世界能源消费量2004—2030年增长57%。在燃料中，石油一直占最大份额，2004年占38%。煤炭是消费量增长最快的燃料，2004年占26%。在世界工业用煤增长量中，我国将大约占78%。表所示为1990—2030年世界各种燃料能源消费量的统计和预测。

表 1-1 1990～2030 年世界各种燃料能源消费量的统计和预测

（单位：2.93×10^{28} kW·h）

燃料	1990	2003	2004	2010	2015	2020	2025	2030	年平均增长率/%
石油	136.2	161.9	168.2	183.9	197.6	210.6	224.1	238.9	1.4
天然气	75.2	99.8	103.4	120.6	134.3	147.0	158.5	170.4	1.9
煤炭	89.4	105.6	114.5	136.4	151.6	167.2	182.9	199.1	2.2
核能	20.4	26.4	27.5	29.8	32.5	35.7	38.1	39.7	1.4
其他	26.2	32.1	33.2	40.4	43.4	46.5	50.1	53.5	1.9
总计	347.4	425.8	446.8	511.1	559.4	607.0	653.7	701.6	1.8

可见，到 2030 年，全世界消耗的一次能源要比 1990 年增加 102%。然而，地球上的化石燃料的储藏量是有限的，根据已探明的储量，全球石油可开采 45 年，天然气约 61 年，煤炭约 230 年，铀约 71 年。据世界卫生组织估计，到 2060 年全球人口将达到 100 亿～110 亿，如果到时候所有的能源消耗量能达到今天发达国家的人均水平，则地球上主要的 35 种矿物中，将有 1/3 在 40 年消耗殆尽，包括石油、天然气、煤炭和铀。所以，世界化石燃料的供应正面临着严重短缺的危机局面。

为了应对化石能源逐渐短缺的危机局面，必须逐步改变能源消费结构，大力发展可再生能源，如风能、太阳能等，只有这样才能保证经济和人类社会的繁荣发展。因此，太阳能作为可再生能源，将逐步替代日益枯竭的化石能源。

（二）减缓气候变化及保护环境

2007 年 2 月，联合国气候变化政府间委员会发布了气候变化评估报告的第一部分。报告比以往更加确定：人类活动是过去半个世纪气候变暖的主因（超过 90% 的可能性）。主要影响包括：

1. 过去 12 年中有 11 年是有历史纪录以来最热的年份。

2. 全球海平面上升加速。

3. 南北半球的高山冰川和积雪正在消融。

4. 自 20 世纪 70 年代以来，更多地区（尤其是热带和亚热带）干旱更加严重，持续时间更长。如果不采取措施，将温室气体排放限制在 2000 年的水平，未来 20 年气温将增加 2 倍。

5. 气温将上升 1.1～6.4℃。

6. 随着热带海洋温度上升，未来热带气旋（台风和飓风等）将更加强烈，最高风力加大，降雨增强。

7.热浪和强降雨等极端天气日益频繁的可能性将超过90%。

报告的主要研究结果包括：

1.今后60~70年，气候变化将有可能导致物种大量灭绝。

2.今后几十年，缺水的人口将由几百万增加到几十亿；印度及南亚其他地区和非洲水源将逐渐减少。贫困国家受到的影响最大，澳大利亚和南欧的发达国家等会受到严重影响。

3.贫困地区粮食产量将下降，产生更多的饥饿人口。印度等国小麦和水稻产量将有可能降低。干旱和饥荒将导致非洲产生更大的难民潮。

4.亚洲、南美和欧洲冰川的消融必将导致全球大量人口缺水，冰湖导致洪水泛滥。

5.由于海平面上升、风暴增强、洪水泛滥，我国的珠江三角洲和孟加拉国的恒河三角洲的居民将面临严重威胁。

6.气温再升高1℃，就可能导致格陵兰和西大西洋冰原融化，导致海平面上升几米，沿海居民将被迫迁移。

太阳能光伏发电最重要的特征是在发电过程中不会排放CO_2，而CO_2作为最主要的温室气体，是导致气候变化的罪魁祸首。同时，电池板可循环使用，系统材料可再利用，光伏的能源投入可进一步降低。如果广泛使用光伏发电技术，可以为减缓气候变化作出贡献。

我国能源消费占世界的10%以上，同时在我国一次能源消费中煤占到70%左右，比世界平均水平高出40多个百分点。燃煤造成的二氧化硫和烟尘排放量约占排放总量的70%~80%，二氧化硫排放形成的酸雨面积已占国土面积的1/3。环境污染给我国社会经济发展和人民健康带来了比较严重的影响。光伏发电不产生传统发电技术（如燃煤发电）带来的污染物排放和安全问题，没有废气或噪声污染。系统报废后也很少有环境污染的遗留问题。

（三）增加就业岗位

光伏发电可以提供重要的就业机会。安装阶段创造大量的就业岗位（安装工人、零售商和服务工程师），促进地方经济发展。根据欧洲光伏发电行业信息显示，生产每兆瓦光伏产品大约产生10个就业机会，安装每兆瓦光伏系统创造大约33个就业机会。批发和间接供应可提供3或4个就业岗位，研究领域提供1或2个就业机会。在整个产业链中，每兆瓦的生产、安装和使用，可提供50个就业机会。在未来几十年，随着规模的扩大、自动设备的使用，这些数据会有所降低。但是，光伏发电产业不仅仅是一个资金密集型的产业.同时也是一个劳动密集型的产业。目前，我国光伏技术及产业的就业总人数在10万左右。按照我国电力专家的研究，2050年，光伏发电装机容量峰值达10亿kW，年生产和安装量峰值1亿kW，就业人口将超过500万人。

（四）缓解偏远地区供电困难

现在全球20亿人没有用电，很多经济不发达的边远地区很难通过常规电网方法来解决用电问题。这些地区的太阳能资源往往很丰富，利用太阳能发电是理想的选择。2007年，发展中国家的农村地区安装了1000MW的光伏系统，大约为100万户家庭提供了基本的电力。2004年的《波恩世界可再生能源大会宣言》提出要利用太阳能为10亿无电人口提供电能的目标。对于偏远地区的供电，光伏发电作为有效的补充能源将会大有用武之地。

二、太阳能发电的特点

（一）太阳能发电的优点

太阳能发电的优点如下：

1.太阳能取之不尽，用之不竭.地球表面接受的太阳辐射能足够全球能源需求的1万倍。只要全球4%的沙漠装上太阳能光伏系统，所发的电力就可以满足全球的需要。太阳能发电安全可靠，不会遭受能源危机或者燃料市场不稳定的冲击。

2.太阳能随处可得，可就近供电，不必长距离输电，避免了长距离输电电路的损失。

3.太阳能发电不用燃料，运行成本很低。

4.太阳能发电特别适合无人值守。

5.太阳能发电不产生任何废弃物.没有污染、噪声等公害，对环境无不良影响，是理想的清洁能源。

6.太阳能发电系统建设周期短，方便灵活，而且可以根据负荷的增减，任意添加或减少太阳能电池方阵容量，避免浪费。

（二）太阳能发电的缺点

太阳能发电的缺点如下：

1.地面应用系统有间歇性和随机性.发电量与气候条件有关.在晚上或者阴雨天就不能或者很少发电。

2.能量密度较低，标准条件下，地面接收到的太阳辐射照度为1000W/m²，大规模使用时，占地面积较大。例如1580mm×808mm的一块组件发电的功率约为150W。

3.目前价格较贵，发电成本为常规发电的5~15倍，初始投资高。

三、太阳能发电的发展

太阳能转换利用方式有光-热转换、光-电转换和光-化学转换三种方式。

（一）光-热转换方式

太阳能热水系统是目前光-热转换的主要形式，它是利用太阳能将水加热储于水箱中以便利用的装置。太阳能产生的热能可以广泛应用到采暖、制冷、干燥、蒸储、室温、烹饪等很多领域，并可以进行热发电或作为热动力。

（二）光-电转换方式

利用光生伏特效应（简称光伏效应）原理制成的光伏电池，可将太阳的光能直接转换成电能以利用，称为光-电转换，即光伏发电。本课程所讲的就是光伏发电，所以太阳能电池发电也称为光伏发电、光伏工程等。

（三）光-化学转换方式

光-化学转换尚处于研究试验阶段，这种转换技术包括光伏电池电极化水制成氢、利用氢氧化钙和金属氢化物热分解储能等。

第三节 太阳能电池概论

一、能源现状

目前，我们所居住的环境面临两个严重问题亟待解决：一是全球变暖（global warming）；二是能源危机。

（一）全球变暖

全球变暖是指地球表面的温度越来越高，造成海平面上升及全球气候变迁加剧等影响的现象。该现象会对水资源、农作物、自然生态系统以及人类健康等方面造成明显的冲击。从1984—2019年，北极冰层有$2.98 \times 10^6 km^2$的面积融化，面积减少约95%。其中，北冰洋和大西洋之间的格陵兰岛，冰覆盖面积在这35年间变化最为明显。在全球变暖日益严重的影响下，喜马拉雅山脉上游的冰河也有逐渐融化的趋势。全球变暖的主要原因包括自然的改变和外来因素的影响两个方面。其中，自然的改变包括太阳辐射的变化与火山活动等，而外来因素的影响主要是温室气体导致的温室效应，即大气中二氧化碳和其他温室气体的含量不断增加，使得地球表面的热气被局限在地表上。燃烧化石燃料、清理林木和耕作等都进一步增强了温室效应。

对温室效应的观测是1897年由瑞典化学家阿伦尼乌斯（Arrhenius）提出的。全球性的温度增量可能造成地球环境的变动，包括海平面上升以及降雨量和降雪量在数值、样式上的变化，进而造成洪水、旱灾、热浪、飓风和龙卷风等自然灾害。除此之外，温室效应还会导致其他后果，例如，冰河消退、夏天时河流流量减少、更低的农产品产量、物种消失和疾病肆虐等。同时，气候学家也认为：自从1950年以来，太阳辐射的变化与火山活动所产生的变暖效果比人类所排放的温室气体要低，而关于温室气体的产生，大部分与燃烧化石燃料有关。

国际能源署（IEA）于2019年3月发布了第二份全球能源和二氧化碳状况报告。报告中显示，2018年受能源需求上升的影响，全球能源消耗的二氧化碳排放增长了1.7%（约5.6亿t），总量达到331亿t，是自2013年以来的最高增速，高出2010年以来平均增速的70%。在上升的化石燃料总排放量中，电力行业排放占总量的近2/3。电力行业煤炭消耗排放超过100亿吨二氧化碳，且主要集中在亚洲。2018年全球大气二氧化碳年平均浓度为407.4ppm，较2017年上升2.4ppm，而工业化前该数值仅为180~280ppm。同时，国际能源署首次评估了传统化石燃料使用对全球气温上升的影响。研究发现，全球平均地表温度较工业化前水平升高了1℃，其中0.3℃以上是由煤炭燃烧排放二氧化碳造成的。显然煤炭已经成为全球气温上升的最大单一来源。调整能源结构，解决全球变暖问题已经刻不容缓。

（二）能源危机

随着工业与物质文明的发展，人类对能源的依赖程度加深了能源的过度使用。虽然地层中各种能源的蕴藏量不可能十分精确地计算出来，但多数传统能源的储藏量都是有限的，总有用尽的一天。表1-2列出了各种传统能源的储藏量与可用年限估计。依据估算，截至2018年底，世界原油探明储藏量约17297亿桶，预计可使用至2070年；天然气探明储藏量约200万亿m^3，预计可使用至2070年；煤探明储藏量约15980亿t，预计可使用至2220年；铀探明储藏量约235.6万t，预计可使用至2070年。目前，非传统能源的发展已经具有十分紧迫的需求。

表1-2　各种传统能源的储藏量与可用年限估计

	石油	天然气	煤	铀
储藏量	17297亿桶	200万亿m^3	15980亿t	235.6万t
2020年后可用年限	50	50	200	50

二、可再生能源简介

（一）发展可再生能源的必要性

目前，其他非传统能源的发展已经具有十分紧迫的需求。非传统能源按照其特点不同可以分为可再生能源（renewable energy）、替代能源（alternative energy）、绿色能源（green energy）等。

可再生能源是指自然界中已存在的能源，并且在自然界中生生不息，具有与消耗同等速度再生的能力。因而，可再生能源在使用过程中不会发生能源短缺，有着再生和再利用的可能性。可再生能源取之不尽、用之不竭。风能、太阳能（solar energy）、地热能、波能和潮汐能、水力发电以及生物质能等都属于可再生能源。

替代能源指的是非传统、对环境影响小的能源及能源储藏技术，同时要求并非来自化石燃料。大多数可再生能源都属于替代能源中的一种。

绿色能源是指对环境友好的能源，具有减缓全球变暖与气候变迁的特点。风力、太阳能、地热、潮汐、生物质能等都是绿色能源。绿色能源的开发和利用可以增加能源效益、减少温室气体排放、减少废弃物与污染，同时节约了其他自然资源。

为了使地球免受气候变暖的威胁，1997年12月，多个国家和地区的代表在日本东京召开"联合国气候变化框架公约会议"，会议通过了限制发达国家和地区温室气体排放量以抑制全球变暖的《京都议定书》。这是历史上第一次以法规的形式约束限制发达国家和地区的温室气体排放量。《京都议定书》中共规定了六种管制温室气体。

1.前三类：CO_2、甲烷与氧化亚氮。

2.后三类：氢氟碳化物、全氟化碳与六氟化硫。

各个发达国家和地区从2008—2012年完成的减排目标分别是：

1.与1990年相比，欧盟减少8%、美国减少7%、日本减少6%、加拿大减少6%、东欧各国减少5%～8%。

2.新西兰、俄罗斯和乌克兰可将排放量稳定在1990年的水平上。

3.允许爱尔兰、澳大利亚和挪威的排放量分别比1990年增加10%、8%和1%。

4.各国皆应制定使用可再生能源的比例占总体使用能源12%～15%的目标。

2012年8月，多哈会议通过了包含部分发达国家第二承诺期量化减限排指标的《京都议定书多哈修正案》，第二承诺期为期8年，于2013年1月1日起实施，至2020年12月31日结束。中国于2014年6月交存了《京都议定书多哈修正案》

的接受书。

国际能源组织认为发展可再生能源是解决能源危机、应对气候变化的重要措施。美国、英国、日本以及欧盟等发达国家和地区均把发展可再生能源作为降低二氧化碳排放量的主要方法。为了推进全球能源结构转型，实现从传统的化石能源向绿色环保的可再生能源转变，中国政府也已经把"绿色发展"和"生态文明建设"放在经济发展部署中的战略地位。2016年12月29日国家发展改革委、国家能源局在印发的《能源生产和消费革命战略（2016—2030）》中提出：到2020年，能源消费总量要小于50亿t标准煤，非化石能源消费比重达到15%，单位国内生产总值二氧化碳排放比2015年下降18%；2021—2030年，能源消费总量小于60亿t标准煤，非化石能源消费比重达到约20%，天然气比重达到约15%，主要依靠清洁能源满足经济发展对能源的消费需求；到2050年能源消费总量进入稳定期，非化石能源消费比重应超过50%，建成现代化能源体系。

（二）可再生能源的种类

风能、太阳能、生物质能、地热能、海水温差能、波浪能以及潮汐能等都属于可再生能源，下面简述常用可再生能源的种类与发展现状。

1.风能。风能发电是通过风推动电机以产生电力，是一种机械能与电能的转换。目前，风力发电的成本已下降至低于天然气的发电成本，可与传统燃油发电成本相竞争。若某地区的年平均风速超过4m/s，则具有发展风力发电的潜力。2016年，全国风电发电量达到2410亿kW·h，在全国发电总量中占比4.2%。2017年，全国（除港澳台地区外）新增装机容量1966万kW，累计装机容量达1.88亿kW，同比增长11.7%。截至2019年6月底，风电2019年上半年的装机总容量已达1.932亿kW，占总装机容量的10.5%。

2.太阳能。太阳能包含太阳热能与太阳电能的使用。太阳热能是直接用集热板收集太阳光的辐射热，将水加热以推动机械，是一种热能、机械能与化学能的转换。太阳能发电是通过光伏电池（photovoltaic，PV）或太阳能电池（solar cell）将太阳能转换为电能，是一种光能与电能的转换。随着使用化石能源与保护环境之间的冲突日趋严重，在美、日、欧盟等发达国家和地区的推动下，太阳能光电产业蓬勃发展，太阳能被认为是最具发展潜力的可再生能源。

3.生物质能。生物质能发电是指将各种有机体转换成电能，是一种生物质能与电能的转换。有机体发电是将农村及城市地区产生的各种有机物，如粮食、含油植物、牲畜粪便、农作物残渣及下水道废水等，经各种自然或人为化学反应后，再萃取其能量进行应用。典型的生物质能发电具体应用包括垃圾焚化发电、沼气发电、农林废弃物及一般工业废弃物发电等。

4.地热能。地热能发电是指借助地底所产生的热来推动发电机生成电能，是一种热能与电能的转换。环太平洋火山带有多处山区显示蕴藏有地热资源。我国台湾地区地热资源初步评估结果显示，全台湾有近百处地区具有温泉地热征兆。但因大部分属火山性地热泉，酸性成分太高，不具发电价值。因此，解决地热酸性成分高和蒸汽含量少两个关键问题，能使地热能发电具有较好的发展前景。

5.海水温差能。海水温差能发电是指将自然界的海水或湖水冷却，再经水泵加压打回锅炉，形成一个闭路循环以产生电能，是一种热能、机械能与电能的转换。其中，若在此循环中的热源与冷源的温差达到数百摄氏度，其热力效率可达30% ~ 40%；然而，海洋温差仅有20 ~ 25℃，因此其效率仅为3%左右。虽然效率偏低，但海洋体积庞大，通过优化设计也能产生可观的电能。

6.波浪能。波浪能发电是指风吹过海洋时产生波浪，通过将发电机存放在水中，利用宽广海面上的波浪能发电的方式，是一种风能、机械能与电能的转换。由于地球表面有超过70%的面积是海洋，海洋成为世界上最大的太阳能收集器。太阳照射在广阔的海洋上，造成表层海水与深海海水之间的温差，进而产生地球表面大气的压力差，由此产生风并生成波浪能。利用波浪能发电的装置有多种形式，具体操作原理可分为：（1）利用波峰到波谷的垂直运动来驱动水轮机或汽轮机；（2）利用波浪的前后来回运动，经由凸轮等机械组件来推动叶轮机；（3）其他方法。例如，将波浪集中在水道，再以波浪变化时的动量传播效应来维持一定的水位差以推动水轮机等。

7.潮汐能。地球的万有引力与地球自转对海水的引力造成海平面的周期性变化是潮汐产生的原因。潮汐发电是利用涨潮与退潮造成海水高低潮位的落差，进而推动水轮机旋转，带动发电机发电来产生电力，是一种机械能与电能的转换，仅需1m潮差即可供围筑潮池，进行潮汐发电。

虽然上述可再生能源各以不同的名称出现，但是几乎都与太阳提供的能量有关。在能量守恒的观点上，太阳内部的质量变化所提供的光能量传送至地球，形成如太阳能、风能、生物质能、波浪能、水力以及地热能等诸多可再生能源的原动力。

（三）发展可再生能源的策略

根据《2019年全球可再生能源投资趋势》报告指出，2009—2019年全球可再生能源新产能投资达到约2.6万亿美元，其中太阳能发电容量超过其他发电技术。十年间新能源产业的投资，使得除大型水电以外的可再生能源装机容量从414GW上升到1650GW，增长约3倍。而2.6万亿美元的总投资中，光伏产业以1.3万亿美元占到了50%。同时，新能源产业的成本十年间却在不断降低。其中，太阳能平均发电成本降低了81%，陆上风电成本下降了46%。

中国近十年来一直是可再生能源产能的最大投资国，2010—2019年上半年，中国在新能源产业上的总投资已达7580亿美元；美国为3560亿美元，居第二；日本为2020亿美元，居第三。新能源技术的不断发展，在一定程度上缓解了各国的环境和经济压力。各国政府也不遗余力地推进新能源科学技术研究和产业化发展，同时，以相应的法规政策作为辅助鼓励手段，以期为经济的发展提供新动力。目前，世界各国推动可再生能源产业发展的具体措施包括电价收购、设备补助、低息贷款、租税减免、加速折旧等奖励政策。未来将确立电力公司的电力供应必须有一定比例来自可再生能源，且光电并联系统的使用者也可将其剩余电力回售给电力公司。

（四）发展太阳能电池的必要性

到2040年全球对各种可再生能源的电力需求预估，发现可再生能源的使用将有快速的增长，其中太阳能发电的增长更加明显。整体来说，处在发展中的替代性能源，风力及水力皆受到各国地理环境的影响，无法有效地普及应用。而生物质能虽被认为是最有效、最有可能取代石油的替代性能源，却由于世界各国的粮食危机，导致其可发展性大大受限。美国前能源部长朱棣文博士曾表示：风能有风场问题，生物质能有粮食议题。因此，属于绿色能源的太阳能电池被列为研究发展的重点之一。

太阳能电池及其模块在使用上包括如下若干优势。

1.至少对人类历史而言，太阳能应该是取之不尽、用之不竭的。

2.太阳能的提供不需能源运转费、无需燃料、无废弃物与污染、无转动组件、无噪声。

3.太阳能电池组块机械破损较少，是半永久性的发电设备，使用寿命可以长达20年以上。

4.太阳能电池可将光能直接转换为直流电能，且发电规模可依系统而定，大至发电厂、小至一般计算器皆可使用太阳能电池发电。

5.太阳能电池种类众多，外形、尺寸可随意变化，应用范围广。

6.太阳能电池发电量大小随日光强度而变，并联型发电系统可以辅助尖峰电力。

7.薄膜型太阳能电池可设计为阻隔辐射热或半透光，将可与建筑物结合。

尽管太阳能电池在使用上具有诸多优点，但目前太阳能电池也存在一些缺点仍待改进。

1.就现阶段的发展而言，太阳能电池的生产设备成本相对昂贵。

2.由于太阳能电池的光电转换效率较低，一般为15%～20%，因此大规模发电的太阳能电池组件需要很大的收集面积。

3.目前的太阳能电池仅发电但不储电，因此需要配合储电的蓄电池。

4.硅基太阳能电池的机械强度低，需要通过使用其他的封装材料加以增强。

5.结晶硅太阳能电池的发电受天气影响大，在弱光、晨昏与阴雨天时，发电量会降低。

目前，各国对太阳能电池的奖励补助及与可再生能源相关的法案相继推出并实施，只要能突破太阳能电池效率与生产设备的技术问题，太阳能电池的需求量将有极大的成长空间。

三、太阳光的使用

（一）太阳光谱

太阳能是地球表面与大气之间进行各种形式运动的能量源泉。物体中的带电粒子在原子或分子中的震动可以产生电磁波（electro-magnetic wave）。太阳能便是以各式各样的电磁波形式，通过太阳辐射传播到地球上。辐射是通过放射输送能量，其传播速度等于光速，且不需传播介质。日常生活中，当我们坐在火炉边时，可以感受到火焰带给我们的温暖，这就是辐射能的作用。

气象学所着重研究的是太阳、地球和大气的热辐射，其波长范围为$0.15～120\mu m$，其中太阳辐射的主要波长范围是$0.15～4\,\mu m$，地面辐射和大气辐射的主要波长范围是$3～120\,\mu m$。因此气象学上习惯把太阳辐射称为短波辐射，而把地面及大气的辐射称为长波辐射。一般所说的阳光是指可见光，其波长范围是$0.4～0.76\mu m$；可见光经棱镜分光后，成为红、橙、黄、绿、蓝、靛、紫的七色光带，称为光谱，在可见光范围之外的光谱是人眼所看不见的，但可以通过仪器测量出来。

（二）太阳辐射与吸收

太阳是一个炽热的气态球体，其表面温度为$6.00×10^3k$左右，而内部的温度据估计高达$4.0×10^7K$，不断以电磁波的形式向四周发散光与热，因此，到达地球上的太阳辐射是非常巨大的。大气中所发生的各种物理过程和物理现象，都直接或间接地依靠太阳辐射的能量来进行，太阳辐射可视为黑体辐射。

太阳辐射强度是用来表征太阳辐射能强弱的物理量，即表示单位时间内，垂直投射在单位面积上的太阳辐射能，用符号I表示［单位为$J·s^{-1}·m^{-2}$］。一个到达地球大气顶端的太阳辐射强度主要由以下因素决定。

1.日地距离：地球绕太阳的轨道是椭圆形的，因此日地间的距离便以年为周期发生变化。地球上受到的太阳辐射的强度与日地距离的平方成反比。当地球通过近日点时，地表单位面积上所获得的太阳能，要比地球通过远日点时多7%。但实际上，由于大气中的热量交换和海陆分布的影响，南、北半球的实际气温并没有上述的差别。

2.太阳高度：太阳的高度越高，其辐射强度越大；反之，则辐射强度越小。因为太阳高度越高，阳光直射到地面的面积越小，因此单位面积上，所吸收的热量越多；太阳高度较低时，因阳光为斜射，照到地面上的面积变大，因此单位面积上所吸收的热量便减少。

3.日照时间：太阳辐射强度也与日照时间长短成正比，而日照时间会随着季节和纬度的不同而不同。夏季时，昼长夜短，日照时间长，辐射强度大；冬季时，昼短夜长，日照时间短，辐射强度低。同时，昼夜长短的差异随纬度增高而增大。

太阳光照射地面时的情形，当太阳光照射到地球大气层时，一部分光线被反射或散射，一部分光线被吸收，只有约70%的光线能够透过大气层，以直射光或散射光的形式到达地球表面。到达地球表面的光线一部分被表面物体所吸收，另一部分又被反射回大气层。距离太阳1.5亿km的地球所接收的太阳能量，换算为电力表示约为1.7×10^{14}kW，这个值大约是全球平均年消耗电力的十万倍。尽管太阳为地球提供了如此丰富的能量来源，但以人类目前的科技尚无法充分有效地将其接收并加以利用，主要原因之一是太阳能转换成电能的效率较低。

（三）太阳光的光电转换

太阳光照射到可吸收光谱的半导体光电材料后，光子（photon）会以激发电子/空穴（electron/hole）的方式输出。在光电转换的过程中，事实上并非所有的入射光谱都能被太阳能电池所吸收，并完全转换成电流，有30%左右的光谱因能量太低（小于半导体的能隙），而对电池的输出没有贡献。在被吸收的光子中，除了产生电子/空穴对所需的能量外，约有50%的能量以热的形式被释放掉。

太阳能电池是一种实现能量转换的光电器件，经过太阳光照射后，可以把光的能量转换成电能。从物理的角度来看，有人称太阳能电池为光伏电池（photo - voltaic），其中的photo表示光，voltaic代表电力。

四、太阳能电池的分类

由于太阳能电池的种类繁多，若以材料的种类进行分类，其分类结果如图1-1所示。本节简单介绍各种电池的优缺点与目前的效能。

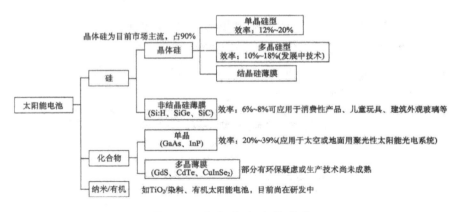

图1-1 太阳能电池的种类

（一）硅基晶片型太阳能电池

硅基晶片型太阳能电池主要可分为单晶硅（single crystal silicon）和多晶硅（poly crystal silicon）芯片型太阳能电池两大类。

对于单晶硅太阳能电池，完整的结晶使单晶硅太阳能电池能够达到较高的效率，且键结构较为完全，不易受入射光子破坏而产生悬挂键（dangling bond），因此光电转换效率不容易随时间而衰退。

多晶硅太阳能电池由于具有晶界面，因此在切割和再加工的工序上，比单晶硅和非晶硅（amorphous silicon）更困难，效率方面也比单晶硅太阳能电池低。不过，简单与低廉的晶体生长成本是它最大的优势。因此，在部分低功率的电力系统中，多采用这类太阳能电池。

从目前两种太阳能电池的效能看，单晶硅型太阳能电池的模块效率一般为15%～17%；多晶硅型太阳能电池的模块效率为13%～16%。

硅基晶片型太阳能电池的优点包括：

1.硅基制备技术发展成熟，可大量生产，是目前太阳能电池的主流。

2.整厂输出（turn key）设备价格低，25MW生产线约合200万美元。

3.模块的效能稳定，使用期限长，一般可达20年。

硅基晶片型太阳能电池的潜在缺点如下：

1.晶片原料有缺料风险，且同瓦数模块的能源回收周期比薄膜型太阳能电池长。

2.因为硅基晶片型太阳能组件透光性差，不适合作为建材一体化（如玻璃外墙）电池模块应用。

3.技术门槛不高，易整线跨入，因此许多国家硅基晶片型太阳能电池的建厂速度都很快，导致产品质量参差不齐。

（二）硅薄膜型太阳能电池

硅薄膜型太阳能电池可分为非晶硅太阳能电池和结晶硅薄膜太阳能电池。

对于非晶硅太阳能电池来说，光致衰退现象造成该种电池的效率仅为6%～8%。其光吸收系数（optical absorption coefficient）（约10^5/m）高于结晶硅太阳能电池（约10^3/cm），使其能够用较少的硅材料用量来获得较多的全年发电量，因此非晶硅太阳能电池仍有存在的必要性。

而结晶硅薄膜太阳能电池，主要是叠接不同晶格结构与材料制成太阳能电池，并通过不同的能隙变化吸收某特定波段的光谱能量来进行光电转换。

目前效能，非晶硅太阳能电池的模块效率约为6%，结晶硅薄膜太阳能电池的模块效率为10%～13%。

硅薄膜型太阳能电池的优点如下：

1.同一模块瓦数下，全年发电量胜过其他种类的太阳能电池。

2.制备与模块一体成形，极适合建材一体化的应用。

3.制备与设备技术类似面板产业的发展，目前正在进行第5代大面板制备技术的研发。

4.所有太阳能电池都可大面积且定制化生产，还可在柔性（flexible）基板上进行制造。

硅薄膜型太阳能电池的潜在缺点如下：

1.非晶硅薄膜太阳能电池的效率和稳定度较差，尚有较大的提升空间。

2.大面积（5代面板以上）的镀膜设备技术门槛甚高，需要克服如高频CVD驻波（standing wave）与电浆均匀度等问题，目前仅有少数几家国际大厂具有生成技术能力。

3.目前整厂输出设备价格高，25MW非晶硅薄膜电池生产线约合3000万美元，结晶硅薄膜太阳能电池生产线需要6000万～1亿美元。

（三）Ⅲ－Ⅴ族化合物太阳能电池

许多化合物半导体材料都可用于太阳能电池的光吸收层，主要的材料有砷化镓GaAs、GaInP等。目前，Ⅲ－Ⅴ族化合物太阳能电池的效率已经远远超过硅基太阳能电池，且由于Ⅲ－Ⅴ半导体电池的效率高、重量轻以及更好的耐辐射特性，使得Ⅲ－Ⅴ半导体逐渐在太空卫星和高效率太阳能电池的市场中占有一席之地。

目前效能，聚光型砷化镓（GaAs）太阳能电池是目前所有太阳能电池中效率最高的，其效率已超过30%。

Ⅲ－Ⅴ族化合物太阳能电池的优点如下：

1.砷化镓太阳能电池的效率大部分超过20%。

2.砷化镓器件制备类似于发光二极管产业，因此发电与照明产业的结合将有极大潜力。

Ⅲ-Ⅴ族化合物太阳能电池的缺点如下：

1.砷化镓太阳能电池的生产设备与材料昂贵，大面积化制备困难度较高。

2.聚光型砷化镓太阳能电池的模块成本极高，每瓦成本约在其他电池成本的百倍以上。

（四）Ⅱ-Ⅵ族化合物太阳能电池

许多Ⅱ-Ⅵ族化合物半导体材料都可用于太阳能电池的光吸收层，主要的材料有 CdTe、CuInSe$_2$（CIS）、CuInGaSe$_2$（CIGS）等。目前，生产 CdTe 薄膜太阳能电池的国际大厂获利甚高，此外 CuInGaSe$_2$（CIGS）薄膜太阳能电池的实验室效率也达到17%，引起众多厂商积极投入。

目前效能，CdTe 的模块效率可达10%以上，CIGS 的模块效率可达12%。

Ⅱ-Ⅵ族化合物太阳能电池的优点如下：

1.CdTe 电池是次世代薄膜太阳能电池中效率较高的。

2.CIGS 可通过卷印制备用于柔性基板生产。

Ⅱ-Ⅵ族化合物太阳能电池的缺点如下：

1.CdTe 与 CIGS 的部分成分毒性高，存在严重的环保问题。

2.CdTe 与 CIGS 的部分组成原料在地球上的蕴藏量有限。

3.CIGS 的大面积化制备困难度极高，同时存在靶材来源——四元化合物的稳定性、材料毒性以及材料控制等问题。

（五）染料敏化太阳能电池

染料敏化太阳能电池（dye-sensitized solar cell，DSSC）是 Gratzel 等在1991年发明的，其工作原理为，当染料（dye）被光激发后，将激发的电子注入 TiO$_2$ 导带，而留下氧化（oxidize）的染料分子，电子在 TiO$_2$ 粒子间传输至电极，经过负载至另一电极，在此经由金属铂电极的催化与电解质溶液发生氧化还原反应，反应完成后的电子将氧化的染料分子还原，完成一个工作循环。其优点是制造简易，模块具有柔性，效率最高纪录达到11%。

目前效能，染料敏化太阳能电池的实验室最高效率约为11%，但大面积商用模块仍在开发中。

染料敏化太阳能电池的优点如下：

1.染料敏化太阳能电池是次世代薄膜电池中成本较低且材料使用较少者。

2.染料敏化太阳能电池的制备非常容易，不需要昂贵的真空设备。

3.染料敏化太阳能电池可实现大面积且定制化生产，还可在柔性基板上进行制备。

染料敏化太阳能电池的潜在缺点如下：

1.目前染料敏化太阳能电池大面积生产的技术仍不够成熟，且商用模块效率仍较低。

2.染料敏化太阳能电池的封装过程较为复杂。

3.在紫外线照射和高温下会出现严重的光致衰退现象。

（六）有机太阳能电池

有机太阳能电池采用有机材料制备，具有类似PN结的结构，有一施主层与一受主层。与一般半导体不同的是，在有机半导体中，光子的吸收并非产生可自由移动的载流子，而是产生束缚的电子-空穴对（也称作激子，exciton）。其制备容易，模块具有柔性。

目前效能，有机太阳能电池的实验室最高效率为5%～6%，但大面积商用模块仍在开发中。

有机太阳能电池的优点如下：

1.有机太阳能电池在次世代薄膜电池中成本最低。

2.有机太阳能电池的制备非常容易，不需要太多昂贵的真空设备。

3.有机太阳能电池可在柔性基板上制造，产品的重量轻，适合应用于个性化可移动便携电子产品上。

有机太阳能电池的潜在缺点如下：

1.有机太阳能电池目前的技术仍不够成熟，短时间内不易商业化。

2.有机太阳能电池的封装过程较为复杂且模块的可靠度与稳定度差。

3.目前在次世代电池中转换效率最差，必须突破有机材料电子传导速率过慢的先天性缺陷限制。

除了上述常用的太阳能电池外，还有许多处于实验室研发阶段的太阳能电池，它们基于上述几类太阳能电池的制备工艺，在材料或结构上进行优化。表1-3列出了目前实验室研发中的各类太阳能电池的转换效率、每瓦价格。需要说明的是，以目前世界各国产学研对太阳能电池的积极研发态度，表中的数据在几年内会被更新一次。

表1-3　太阳能电池依形态及材料种类分类

形态	种类	材料	地面用转换效率AM1.5，25℃测量		价格/(U.S/Wp)
			实验室面积	商业化面积	
晶片型	Ⅲ-Ⅴ族	GaAs	25.1%（3.91cm²）	—	100~2000
	砷化镓	结叠层 CaInP/CaAs/Ge	35.0%（3.989cm²）	—	2.5~3.5
	硅基	单晶硅 Single-Crystalline Si	24.7%（400cm²）	15%~18%（直径=4"~6"）	1~1.5
		多晶硅 Poly-Crystalline Si	20.3%（1.002cm²）	12%~14%（直径=4"~6"）	
		单晶/非晶硅叠层 Heterojunction with Intrinsic Thin-layer	21.0%（101cm²）	19.5%（101cm²）	
薄膜型	硅	非晶硅 Amorphous Si	10.1%（1.199cm²）	7%（15400cm²）	2~3
		非晶硅/微晶硅叠层 Amorphous/Micro Crystalline Si Tandem	13%（1.0cm²）	10%（15400cm²）	
	Ⅱ-Ⅵ族	Cd-Te	16.5%（1.032cm²）	10.7%（4874cm²）	2~3
	Ⅰ-Ⅱ-Ⅵ族	CuInSe₂	19.5%（0.41cm²）	13.4%（3459cm²）	
电化学	有机染料	Dye Sensitized TiO₂	8.2%（2.36cm²）	—	—

太阳能电池的另一种分类方式是按出现的时代进行分类，如图1-2所示。

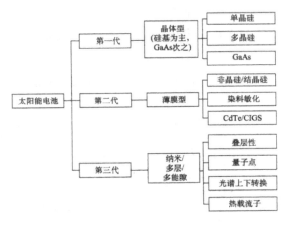

图1-2　按太阳能电池出现的时代分类

第一代太阳能电池是以晶体型（wafer based）或硅基（siliconbased）为主的太阳能电池，具有高价格与接近20%转换效率的特性。

第二代太阳能电池主要以薄膜型太阳能电池为主，其效率尚不及传统的单晶硅太阳能电池，包括非晶硅/结晶硅薄膜太阳能电池、染料敏化太阳能电池、CdTe/CIGS等。

第三代太阳能电池能超越目前硅基太阳能电池的理论效率，如钙钛矿电池的效率有望达到30%以上。采用纳米结构的太阳能电池，主要以纳米/多层/多能隙结构为主，包括量子点、热载流子、光谱上下转换或纳米结构太阳能电池。

五、太阳能电池的发展与基础知识结构

（一）太阳能电池的发展

表1-4列出了太阳能电池早期的部分发展历程，第一块单晶硅太阳能电池是1954年由贝尔实验室制造出来的，当时的研究动机是希望能为偏远地区的通信系统提供电源，但其效率低（只有6%）且造价高（357美元/W），缺乏商业应用价值。随着研究的不断深入，自从1957年苏联发射第一颗人造卫星，太阳能电池开始在太空飞行任务中担任重要角色，到1969年美国人登陆月球，太阳能电池的研究和发展达到巅峰。太阳能电池的应用也早已从军事、航天等特殊领域进入工业、农业、通信、家电等民用环节。

20世纪70年代初期，中东地区爆发战争、石油禁运，使得工业国家的石油供应中断，造成能源危机，迫使人们不得不再度重视将太阳能电池应用于电力系统的可行性。

1990年以后，人们开始将太阳能电池发电与民生用电结合，于是，市电并联型太阳能电池发电系统（grid-connected photovoltaic system）开始推广，并与传统的电力系统相连接，通过从这两种方式取得电力，除了减少尖峰用电的负荷外，剩余的电力还可储存或回售给电力公司。这一发电系统的建立可以舒缓筹建大型发电厂的压力，避免土地征收困难以及对环境的破坏。

表1-4　太阳能电池器件及其应用发展

年份	成就
1839	法国科学家 E. Becquerel 博士发现"光电效应"
1876	W. G. Adams 和 R. E. Day 研究硒的光电效应
1883	Charles Fritts博士，制成第一个硒太阳能电池，是通过硒晶圆片制作的
1904	Hallwachs博士发现Cu、Cu_2O对光的敏感性
1930	已研发出Cu、Cu_2O新型光电电池
1932	Audobert和Stora博士发现CdS光电现象

年份	成就
1940	pn结理论的研究
1954	发明单晶硅太阳能电池（美国贝尔实验室），转换效率为4.5%；不久之后，转换效率达到6.0%
1955	发明CdS太阳能电池
1956	发明GaAs太阳能电池
1958	在"先驱者1号"通信卫星上应用太阳能电池，能量转换效率为9%
1963	日本装设242W光伏模块阵列太阳能电池及其系统（世界最大）
1972	美国制订"新能源开发计划"
1974	日本制订太阳能发电发展的"阳光计划"
1976	Carlson和Wronski博士发明第一个非晶硅（a-Si）太阳能电池
1978	日本推动"月光计划"，继续开展太阳能电池器件及系统研发
1984	美国建成7MW太阳能发电站
1985	日本建成1MW太阳能发电站
1986	ARCO Solar发布G-4000（世界首例商用薄膜电池）动力组件
1991	世界太阳能电池年产量超过55.3MW；瑞士Gratzel教授研制纳米电池
1992	TiO_2染料敏化太阳能电池效率达到7%
1994	欧、美、日等国家和地区，推动为太阳能光电发电系统设置补助奖励
2000	住宅用太阳光发电系统技术规程（日本）
2001	开发出可与建筑材料一体化的太阳能电池器件及太阳能光电发电系统（称建材一体化太阳能光电发电系统）
2002	伊拉克战争，引发石油售价上升，唤起人类对可再生能源以及太阳能电池研发的重现
2009	日本发布5代面板的结晶硅薄膜太阳能电池，效率可达12%以上

根据NREL于2019年11月发布的已认证国际太阳能电池最佳效率的发展情况可知，截至2018年，各种太阳能电池的最佳认证能量转换效率如下：（工作温度：25℃；标准光照条件：AM1.5G；器件有效面积大于或接近1cm²）结晶硅太阳能电池的最佳效率为26.2%~27.2%，薄膜太阳能电池中CIGS的最佳效率为21.2%~22.2%。虽然对太阳能电池而言，转换效率应越高越好，但效率高并不是使用者的唯一考虑，每瓦的价格也是影响使用者选用太阳能电池的重要选项。提高转换效率的同时降低价格才能进一步推动太阳能电池的广泛应用。

（二）太阳能电池的基础知识结构

太阳能电池技术是一门跨领域的学科，其技术知识领域包含以下几方面。

1.电子：PN结、器件结构设计与仿真。

2.光电：防反射层、透明导电膜、集光器等设计。

3.材料：各种半导体、陶瓷、高分子或金属等材料的物理与化学特性。

4.制备：镀膜技术与封装技术。

5.机械：生产设备、器件的热、应力等设计。

由于公司在完成新技术研发后，一般情况下不发表成论文，而是会先申请专利，因此专利资料包含了世界上90%～95%的研发成果，若能充分利用有效的专利资讯，不但可缩短60%的研发时间，更可节省将近40%的研究经费。专利资料在所有技术资料中，是唯一同时结合技术与法律的文件。在专利文献中，我们可以了解许多优秀的研究人员在太阳能电池领域的最新发明，同时也可以为我们提供新的研究思路。因此，充分利用专利工具可以加快太阳能电池知识的学习。

六、世界主要国家和地区对太阳能电池的补助政策

由于目前太阳能电池的制备成本较高，其推广仍需政府的政策协助。美国、欧洲及日本先后制订太阳能发展计划，由政府负责提供部分研究开发资金和相关的产业扶持政策。目前，在美国、日本和以色列等国家，已经大量使用太阳能装置，不断地朝商业化目标前进。

美国于1983年在加利福尼亚州建立世界上最大的太阳能电厂，它的发电量高达16MW。截至2019年4月，华盛顿特区和20个州已经采用了社区太阳能政策，康涅狄格州和新泽西州于2018年颁布了立法，犹他州、内华达州和南卡罗来纳州于2019年颁布了立法以鼓励社区太阳能发展。2019年上半年，美国光伏装机已达到4.8GW。南非、博茨瓦纳、纳米比亚和非洲南部的其他国家也设立专案，鼓励偏远的乡村地区安装低成本的太阳能电池发电系统。

推行太阳能发电最积极的国家是日本。日本于1994年实施补助奖励办法，推广每户3000W的"市电并联型太阳光电能系统"。在第一年，政府补助49%的经费，以后的补助再逐年递减。"市电并联型太阳光电能系统"是在日照充足的时候，由太阳能电池提供电能给自家的负载，若有多余的电力则另行储存。当发电量不足或者不发电的时候，所需要的电力再由电力公司提供。到1996年，日本有2600户装置太阳能发电系统，装设总容量已经有8MW。一年后，已经有9400户装置，装设的总容量已达到了32MW。近年来，由于环保意识的高涨和政府补助金的制度，日本住家用太阳能电池的需求量也在急速增加。日本相关企业不断扩大太阳能电池生产规模，到2020年日本制太阳能电池在全球市场的占有率已提高至33%。

在中国，太阳能发电产业也得到政府的大力鼓励和资助。2009年3月，财政

部宣布拟对太阳能光电建筑等大型太阳能工程进行补贴。2012年2月24日，工业和信息化部发布了《太阳能光伏产业"十二五"发展规划》，以促进太阳能产业可持续发展。该规划的提出对于太阳能光伏企业市场是一个极大的刺激，也将引领光伏企业走上快速发展的轨道。该规划将晶硅电池、薄膜电池、高效聚光太阳能电池列为"十二五"期间的发展重点。中国在全球太阳能电池领域的市场份额从2005年的7%提高至2012年的61%。2015年，中国、德国和日本的太阳能发电能力相差不大。2016年底全球新安装太阳能装置75GW，其中34.5GW来自中国。2018年，我国光伏制造业仍快速发展，截至2018年底，多晶硅产量达到25万t，同比增长3.3%；硅片产量达到109.2GW，同比增长19.1%；电池片产量达到87.2GW。

第二章　太阳能电池基础知识

第一节　半导体材料

一、半导体材料简介

导电能力介于导体与绝缘体之间的物体称为半导体，半导体材料是一类具有半导体性能、可用来制作半导体器件和集成电路的电子材料，其电学性质对光、热、电、磁等外界因素的变化十分敏感，在半导体材料中掺入少量杂质可以控制这类材料的电阻率正是利用半导体材料的这些性质，才制造出功能多样的半导体器件。今日大部分的电子产品，如计算机、移动电话、数字存储器中的核心单元都和半导体有着极为密切的关联常见的半导体材料有硅、锗、砷化镓等，而硅是各种半导体材料中在商业应用上最具有影响力的一种。

半导体的主要性质不仅仅在于其电阻率介于绝缘体和导体之间，更重要的是，它还具有以下两个显著特点。

（一）半导体电阻率的变化受杂质含量的影响很大

例如，纯硅中磷杂质的浓度在 $10^{26} \sim 10^{19} m^{-3}$ 变化时，它的电阻率就会从 $10^{-5}\Omega\cdot m$ 变到 $10^{1}\Omega\cdot m$；室温下在纯硅中掺入百万分之一的硼，硅的电阻率就会从 $2\times10^{3}\Omega\cdot m$ 减小到 $4\times10^{-3}\Omega\cdot m$。

（二）电阻率受光和热等外界条件的影响很大

温度升高或行光照时，均可使半导体材料的电阻率迅速下降，例如，锗的温度从 $200\,^\circ\!C$ 升高到 $300\,^\circ\!C$，其电阻率就将下降一半左右。一些特殊的半导体，在电场和磁场的作用下，其电阻率也会发生变化。

常用的半导体材料分为元素半导体和化合物半导体。元素半导体是由单一元素制成的半导体材料，主要有硅、锗、硒等，以硅、锗应用最广。化合物半导体分为二元系、三元系、多元系和有机化合物半导体。二元系化合物半导体有Ⅲ-Ⅴ族（如砷化镓、磷化镓、磷化铟等）、Ⅱ-Ⅵ（如硫化镉、硒化镉、碲化锌、硫化锌等）、Ⅳ-Ⅵ族（如硫化铅、硒化铅等）、Ⅳ-Ⅳ族（如碳化硅）。三元系和多元系化合物半导体主要为三元固溶体和多元固溶体，如镓铝砷固溶体、镓锗砷磷固溶体等。有机化合物半导体有萘、蒽、聚丙烯腈等，目前还处于研究阶段。

二、半导体材料的晶体结构

所有晶体都是由原子、分子、离子或这些粒子集团在空间按一定规则排列而成的。这种对称的、有规则的排列，称为晶体的点阵或晶体格子，简称晶格。最小的晶格称为晶胞。晶胞的各向长度称为晶格常数。将晶格周期地重复排列起来，就构成整个晶体。根据在晶体内部原子排列的不同，可以把晶体分为三类，即单晶、多晶和非晶（无定形），如图2-1所示。在单晶中，原子在三维空间有规则地排列着，形成了一种周期性结构。单晶固体的任何一部分都完全可以由其他部分的原子排列所代替。在多晶固体中，存在许多小区域，每个小区域都具有完好的结构，而且又不同于与其相邻的区域。非晶固体的原子的排列不存在"长程有序"，而是"短程有序"。

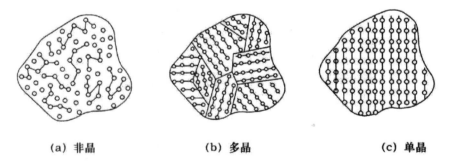

(a) 非晶　　　　　　　(b) 多晶　　　　　　　(c) 单晶

图 2-1　不同有序排列程度的晶格结构

半导体的晶格是三维结构的，其中最简单的是立方体结构，而立方体结构又分为简单立方体、体心立方体和面立方体。简单立方晶格是一个等边的立方体，每个顶点上有一个原子，如图2-2所示。体心立方晶格在简单立方晶格的立方体中心有一个原子。而立方晶格则在立方体的每个面中心又有一个原子。

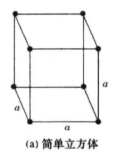 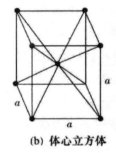 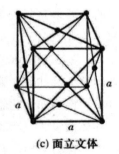

(a) 简单立方体   (b) 体心立方体   (c) 面立文体

图 2-2 三种立方体结构

半导体的常用材料硅则是具有金刚石的结构特征，如图2-3（a）所示。它在立方体的每个顶角和每个面上各有一个原子，除此之外，在内部有四个添加的原子。其中的一个正好位于立方体左前上顶点对角线的1/4处，一个位于右后上顶点对角的1/4处，另外两个分别位于左后下和右前下相应对角线的1/4处。包括GaAs在内的大多数Ⅲ-Ⅴ族半导体晶体结构是闪锌矿结构，它和金刚石结构相类似，只是晶格点分别被两种不同的原子所占据。

第二节　能带模型

下面以孤立硅的内部结构为例，讨论能带模型。以前学过，孤立的硅原子内共有14个电子，其中10个电子被紧紧地束缚在原子核的周围，而且不被通常的原子与原子间的相互作用所干扰，可以不用考虑。剩余的四个价电子有较弱的束缚，如果未受到干扰，它们占据在原子核外八个被允许能态中的四个。假如在一个硅晶体中共有N个硅原子，当它们之间没有相互作用时，可以把这N个硅原子内部的电子能态近似地看成是相同的，即原子是独立的。也就是说，原子之间的距离足够大，原子之间就没有相互作用。

但是当这N个原子互相靠拢并非常接近时，情况就会发生变化，我们对价电子的能态就要做出适当的修正。图2-3描述了价电子能态的修正过程。有N个孤立硅原子，随着原子间距的减小，原子间的相互作用使各个简并的能级分裂，能级的分裂形成十分接近的允许态，称为能带。当原子间的相互作用距离进一步缩小到近似于硅的晶格大小时，能级分裂为两个独立的能带，其中，能量较高的允许能带称为导带，能量较低的允许能带称为价带。导带和价带之间的能量间隙，称为禁带（即电子的能量无法位于该区域）。一般情况下，电子总是倾向于到最低可能的能级上。由于泡利不相容原理的限制，每个允许的状态只能由一个电子占据。因此4N个价带刚好可以容纳4N个价电子。所以，价带全部被电子填满，导带内没有电子，是空的。换而言之，在温度趋向0K时，价带完全被填满，而导带则全空。

此时，在晶体硅中的价带电子并不专属于任何一个原子，电子可以从晶体的一端运动到另一端。也就是说，允许的电子状态并不由原子的状态决定，而与整个晶体有关。从能量的角度看，完整晶体在平衡时，允许电子的能量并不局限在某一个晶体内位置上，而是可以沿任何晶体方向延伸。今后将用一维的位置与能量的关系图来表示晶体中允许电子的能量分布，这是能带模型的基础。图2-4给出两条平行的直线，上面一条表示晶体中最低可能的导带能量，用E_c表示；下面一条表示晶体中最高可能的价带能量，用E_v表示，两条线之间则表示禁带，其带隙的能量为$E_G=E_c-E_v$。注意，在这样一个两维能带模型图中，y方向表示电子的能量轴，x方向表示位置轴，在了解了它们的意义之后，一般不再做特别注明。

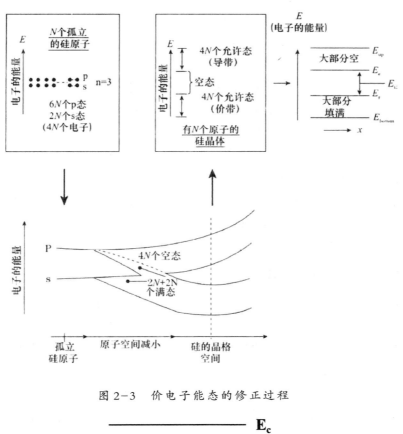

图2-3 价电子能态的修正过程

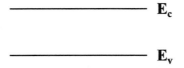

图2-4 能带简化示意图

第三节　载流子

一、载流子简介

（一）载流子的定义

从上面的表述可知，半导体在 0K 时，电子填满价带，导带是空的，不能导电。但是若温度大于 0K，由于温度的影响，电子在热激发下有可能克服原子的束缚而跳跃出来，使其价键断裂，这个电子就可以离开原来位置而在整个晶体中活动。也就是电子由价带跃迁到导带成为能导电的自由电子；与此同时，在价键中留下一个空位，称为空穴。空穴可以被相邻满键上的电子填充而出现新的空穴，这样，空穴不断被电子填充，又不断产生新的空穴，结果形成空穴在晶体内的移动。空穴可以被看成一个带正也的粒子，其所带的电荷与电子相等，但符号相反。在半导体中这样的自由电子和空穴统称为载流子。单位体积的载流子数目，称为载流子浓度，其中，电子浓度用 n 表示，空穴浓度用 p 表示。一般情况下，自由电子和空穴在晶体内的运动是无规则的，因而并不产生电流。

材料分为绝缘体、半导体和导体三类。在绝缘体中，材料的带隙 E_G 很宽，在室温下，热能只可将很少的电子从价带激发到导带，载流子数目很少，所以材料是不良导体。而金属中的带隙很小或者没有带隙，在金属中总是有大量的载流子，因此金属是良导体。半导体则介于绝缘体和金属之间。在室温下，价带中的一些电子受到激发可以得到足够的热能，越过带隙到达导带，因而在这些半导体材料内便会产生一定数量的载流子，增加电流的传输能力。

（二）本征半导体及掺杂

本征半导体通常是指这样一种半导体材料，即它的杂质含量小于热激发的电子数和空穴数，或者本征半导体是没有添加其他杂质的天然材料。在热平衡条件下，本征半导体中电子浓度和空穴浓度相等，即 $n=p=n_i$，如在室温下，硅的 $n_i = 1 \times 10^{19} \mathrm{cm}^{-4}$。

为了获得所需性能的材料，人们人为地将某种杂质添加到半导体材料中，这样的过程称为掺杂。硅是 IV 族元素，四个价电子与周围的四个硅原子形成共价键。如果在硅中掺入 V 族元素，如磷或砷，那么 V 族元素中的四个价电子与周围的四个硅原子形成共价键，还剩一个电子，它无法进入共价键结构，因而它的束缚很弱在室温下，该电子很容易挣脱晶格的束缚而自由运动，形成载流子。因此，这类 V 族元素的杂质起到提供电子的作用，称为施主型杂质，该杂质的浓度用 N_d 表示。这样的半导体材料则称为 N 型半导体，其中，电子为多数载流子（简称多子），而空穴为少数载流子（简称少子）。

若在硅中掺入Ⅲ族元素元，如硼，当硼和相邻的四个硅原子做共价键结合时，还少一个电子，所以要从其他硅原子的价键中获取一个电子来填补。这样就在硅中产生了一个空穴，而硼原子则由于接受了一个电子而成为带负电的硼离子。这样Ⅲ族元素在材料中起到接受电子而产生空穴的作用，所以称为受主型杂质，该半导体材料称为 P 型半导体，其中，空穴数目远远超过电子数目，导电主要由空穴决定，因此空穴为多数载流子，而电子为少数载流子。

下面再从能带的角度来形象地解释掺杂作用。在杂质半导体中，杂质原子的电子或空穴的能级处于禁带之中，形成杂质能级。按照杂质能级在禁带中的位置，可以分为深杂质能级和浅杂质能级。在禁带中远离导带或价带的杂质能级称为深杂质能级，而将靠近导带或价带的能级称为浅杂质能级，当电子或空穴吸收能量时，施主或受主能级上的电子或空穴将被释放出来，跳到导带或价带上而形成能自由移动的载流子，这样的过程称为电离，电离过程所需的能量称为电离能。由于电离能很小，在一般的使用温度下，N 型半导体的施主型杂质和 P 型半导体的受主型杂质几乎全部电离。因此从能带理论看，掺杂就是改变半导体能带中电子多少的手段，掺进施主型杂质，相当于给能带里放进一些电子；而掺进受主型杂质，相当于从能带里取走一些电子（也可以说是加入一些空穴）。

（三）态密度和费米分布函数

当能量或 $E \geq E_v$，或 $E \leq E_v$ 时是允许能带，但是每个能级上所能存在的状态数却是不一样的，通常把对状态的能量分布称为态密度，用 $g_c(E)$ 表示导带中态密度，$g_v(E)$ 表示价带中态密度，物理含义为在单位体积单位能量间隔内的量子态数，即量子态数/cm³·eV。在半导体材料中，态密度随能级呈抛物线形增加的关系，即 $(E-E_c)^{1/2}$ 或 $(E_v-E)^{1/2}$ 越大时，态密度也越大。

从态密度可求得已知能量内的状态数，但是电子并不一定会占据该状态，即电子占据允带中某一状态是遵循一定概率的，这个概率称为费米分布函数 $f(E)$。它描述在热平衡条件下，能量为 E 的有效状态被电子占据的概率，用数学公式可表示为

$$f(E) = \frac{1}{1 + e^{(E-E_F)/kT}} \tag{2-1}$$

式中，E_F 为费米能级；k 为玻尔兹曼常数；T 为温度。

当温度趋向于绝对零度时，若 $E < E_F$，则 $f(E) \to 1$；若 $E > E_F$，则 $f(E) \to 0$。也就是说，在绝对零度时，能量比小的量子态全被电子占据，而能量比 E_F 大的量子态全部是空的。

当温度大于绝对零度时，E=E_F时，则f(E)=1/2。因此，费米能级可以理解为电子出现概率为1/2时所对应的能级；当E<E_F时，则f(E)=1/2；当E>E_F时，f(E)>1/2。而费米能级的位置往往与掺杂元素和浓度有关，N型半导体中的费米能级处于禁带中央到导带之间，掺杂浓度越大，则费米能级越接近导带。相反，P型半导体中的费米能级处于价带与禁带中央之间，掺杂浓度越大，则费米能级越接近价带当掺杂浓度非常高时，费米能级到达导带底或价带顶甚至可能进到导带或价带中，这时在费米能级以下或以上的导带或价带能级将大部分被电子或空穴所填满，这种情况称为电子或空穴的简并，这种半导体则称为简并半导体。

（四）平衡时载流子浓度

根据上面介绍知道，$g_c(E)dE$可以用来表示在能量E到E+dE间单位体积内导带状态的数目，而电子占据能量为E的概率为$f(E)$，因此，在E到dE间单位体积导带内共有$gc(E)f(E)dE$个电子，将它对全能带进行积分，就得到了导带中的电子总数，因此

$$n = N_c e^{(E_F-E_c)/kT}, \quad p = N_v e^{(E_v-E_F)/kT} \tag{2-2}$$

式中，N_c、N_v分别代表导带和价带的有效态密度。

对于本征半导体的特殊情况，设$n=p=n_1$，$E_v=E_F$，则

$$n_1 = N_c e^{(E_F-E_c)/kT} = N_v e^{(E_v-E_F)/kT} \tag{2-3}$$

上式适用于所有平衡状态下的半导体材料，可以看出，本征载流子浓度在对载流子浓度进行定量计算时具有重要意义。若将上式两边相乘，可以得到一个重要的关系式：

$$np = n_1^2 \tag{2-4}$$

np乘积的关系式在实际的计算中是非常有用的如果已知某种载流子的浓度，使用式（2-4）就可以得到另一种载流子的浓度，同时该式又说明，在一定的温度下，任何非简并半导体的平衡载流子浓度的乘积等于该温度时本征载流子浓度的平方，与所含杂质无关。

二、载流子的输送

（一）漂移

1.漂移的定义和图像

带电粒子在外电场作用下的运动定义为漂移，在半导体内载流子的漂移运动从微观上可描述如下：在一块均匀半导体的两端加电压，则半导体内部就形成电场带正电的空穴受电场力的作用，按照电场的方向做加速运动；而带负电的电子的运动方向与电场方向相反。由于电离的杂质原子和热振动的晶格原子不断地与

载流子发生碰撞，因此碰撞后载流子的加速度不断改变，但是总的净结果仍为载流子沿着电场方向的运动。

从微观上仔细分析单个载流子的漂移运动是非常复杂和相当烦琐的。幸运的是，可测量性是宏观可观测的，它们反映了载流子平均或整体的运动。在任意给定的时间间隔内所有电子或空穴的平均，对于每种载流子运动所产生的结果，可表示为固定的漂移速度项，即 v_d，换句话说，在宏观尺度上，漂移只不过是看得见所有类型的载流子，沿着电场方向平行或反平行方向以固定的速度运动而已。

2.漂移电流

载流子漂移的结果是在半行体内部产生电流的流动，即 I（电流）=单位时间内流过垂直于电流流动方向任意平面上的电荷数。

若考虑 P 型半导体棒，其有效截面积为 A，对于棒内任意选择的垂直于 v_d 的平面可得

$$I_{pd} = q p v_d A \tag{2-5}$$

电流通常表示为一个标量，而事实上电流应该是一个矢量，更常用的是电流密度 J，J 的方向与电流的方向一致并且等于单位面积上电流的大小，可表示为

$$J_{pd} = q p v_d \tag{2-6}$$

既然漂移电流的产生是由外加电场引起的，因此电流密度也必然和电场强度 E 有关，这主要体现在 v_d 与 E 的依赖关系为

$$v_d = \frac{\mu_0 E}{[1 + (\frac{\mu_0 E}{v_{sat}})^\beta]^{\frac{1}{\beta}}} \tag{2-7}$$

式中 μ_0 为载流子迁移率，β 为指数因子。从上式可知，在低电场强度时，v_d 与 E 成正比，即 $v_d \approx \mu_0 E$，而在高电场时，v_d 趋于饱和，不依赖于 E。一般情况下，我们所讨论的都是低电场，若将 $v_d \approx \mu_0 E$（对于空穴 $\mu_0 \to \mu_p$），代入式（2-6）可得

$$J_{pd} = q p \mu_p E \tag{2-8}$$

3.迁移率

在式（2-7）中，出现了一个新的物理量内，这是半导体材料中一个非常重要的量，称为迁移率，是表示由漂移引起的电子和空穴传输性质的重要参数之一。这里用 μ_n 表示电子迁移率，用 μ_p 表示空穴电移率，它的单位为 $cm^2/V \cdot s$。

迁移率的大小受到散射、掺杂与温度的影响。散射越明显，则载流子在晶体中的碰撞就越频繁，使迁移率变小。根据迁移率和散射的数量关系式发现，若载流子的有效质量越大，则迁移率越小。例如，砷化镓中电子的有效质量比硅的小，因此它的迁移率就比硅的高。

迁移率与掺杂的关系主要体现在：当掺杂浓度较低时，载流子的迁移率基本

上与掺杂无关，而当掺杂浓度较高时，迁移率会随着掺杂浓度的增加而单调减小，迁移率还会随温度的增加而逐渐减小。

（二）扩 散

扩散是粒子有趋向地扩展的过程，即由于粒子的无规则热运动，可以引起粒子由浓度高的区域向浓度低的区域在宏观尺度上的移动，其结果使得粒子重新分布，扩散进程将产生粒子均匀分布的作用。

扩散主要是由浓度分布的不均匀引起的，即一定存在着不为零的浓度梯度。而且，浓度梯度较大时，发生扩散的粒子也相应地较多。

（三）总 电 流

当半导体有漂移和扩散时，所产生的总电流或净载流子电流是这两种电流的总和。

三、载流子产生和复合

（一）载流子的复合

载流子复合是指电子和空穴被湮灭或消失的过程。单位体积、单位时间内复合掉的电子、空穴对数称为复合率，因为复合一般都是热运动进行的，故用 R_t 表示。那么电子空穴对的净复合率为 $U = R_t - G_1$，其中 G_t 为产生率。在热平衡条件下，热激发率总是等于热复合率，而 $U = R_t - G_1 = 0$，热产生率和热复合率只是温度的函数。

为了描述复合的过程，引入一个重要的物理量——载流子的寿命。一个电子从产生到复合前的生存时间称为电子的寿命。一个空穴从产生到复合前的生存时间称为空穴的寿命 τ_p。当然，寿命是在统计意义上的我流子的平均寿命，而不是单个电子或空穴的寿命。在小注入条件下，只需考虑少子寿命。

在 N 型半导体中，单位体积内过剩空穴数为 $\triangle p_n$，单位时间、单位体积内的净复合率为 U，则 N 型半导体中空穴寿命 τ_p（单位为 s）为

$$\tau_p = \frac{\Delta p_n}{U} \text{ 或 } U = \frac{1}{\tau_p(p_n - p_{n0})} \tag{2-9}$$

复合和产生互为逆过程，既然在产生时价带中的电子跃迁到导带要吸收能量，那么导带中的电子和价带中的空穴复合时要释放出能量。按照能量释放方式以及微观复合机理，复合主要分为以下几种：

1.直接复合（能带到能带的复合）

直接复合是所有复合过程中最简单的。直接复合包括导带电子和价带空穴的直接湮灭。电子和空穴在半导体晶格内运动，它们漂移进入到相同的空间，彼此

靠近并相互碰撞，从而形成电子和空穴的湮灭。这一过程中会发生过剩的能量的释放，如产生光子。直接复合率 R_t 应正比于电子浓度及空穴浓度，对于 N 型半导体有

$$R_t = rn_n p_n \qquad (2-10)$$

式中，r 为复合几率。热平衡时，$R_t = G_t = rn_{n0}p_{n0}$，在小注入情况下多子浓度几乎不变，即 $n_n = n_{n0}$，于是净复合率 U 为

$$U = R_t - G_t = rn_{n0}(p_n - p_{n0}) \qquad (2-11)$$

因此，直接复合寿命 τ_p 为

$$\tau_n = \frac{\Delta n_p}{U} = \frac{1}{rn_{n0}} \qquad (2-12)$$

可见，若复合几率是常数，则直接复合的寿命与多子浓度成反比。这样求出的寿命，对于本征硅大约为 $\tau_n = 3.5s$，而硅中实际测得的寿命最大不过几毫秒，这说明对于硅，直接复合不是主要的。而对于禁带宽度比较小的磷化铟（$E_g = 0.18eV$）、碲（$E_g = 0.32eV$）以及直接禁带材料如砷化镓（$E_g = 1.428eV$）等，则直接复合是主要的一

2.间接复合（R—G 中心复合或 SRH 复合）

这是通过"第三部分"或中介物进行的复合过程。它只在半导体内复合中心的特殊位置发生。在物理上，复合中心是晶格缺陷或特殊的杂质原子，如硅中的金原子。与器件材料中的受主浓度和施主浓度相比，R—G 中心的浓度通常是很低的。R—G 中心最重要的性质是在靠近带隙中心引入了允许电子。在 R—G 中心的复合是一个两步过程。首先，由一种类型的载流子（如电子）漂移进入 R—G 中心附近，被与 R—G 中心相关的势阱所捕获，失去能量，且被俘获于中心里面。随后，出现空穴被俘获的电子吸引，失去能量，并在中心内与电子一同湮灭。间接复合的特点是复合过程中释放热量，或者相当于产生晶格振动。

3.俄歇复合

俄歇过程中，两个同种类型的载流子发生碰撞，从而发生直接复合。复合所释放的能量传递给经过碰撞保存下来的截流子。然后这个高能载流子与晶格碰撞产生热量，从而失去能量。因此，俄歇复合是一种非辐射复合。如果掺杂半导体材料的带隙很小或者光强很高，温度很高（如聚光太阳能电池），载流子浓度 n、p 会很高，俄歇复合特别明显。N 型半导体的施主浓度 N_d 或者 P 型半导体的受主浓度 N_a 对俄歇复合的影响很大。

在 P 型半导体中，少数载流子是电子，多数载流子是空穴，$p \approx p_0 \approx N_a$。

在 N 型半导体中，少数载流子是空穴，多数载流子是电子，$n \approx n_0 \approx N_d$。

辐射复合主要发生在直接带隙半导体中，而俄歇复合在直接带隙和间接带隙

半导体中都会出现。俄歇复合是 Si 和 Ge 等间接带隙半导体产生复合损耗的主要机理，因此在间接带隙中的俄歇复合比直接带隙半导体中的重要得多。

4.表面复合

表面复合速度是影响太阳能电池饱和暗电流和量子效率的一个重要参数。与位错和晶粒界面等面缺陷相似，表面包括界面会在带隙中引入电子态，其成因归结于断键或应变键以及杂质。对表面复合的特性要有彻底的了解，还必须注意到表面电荷会引起能带弯曲。为获得最佳效率，表面复合应该通过钝化或能阻止少子到达表面的窗口层来减少。例如，用氧化层来钝化硅表面，或者在 GaAs 的表面生长一薄层 GaAlAs 窗口层。

在被氧化的硅表面，表面复合速度强烈地依赖于表面粗糙度、表面污染以及氧化和退火过程。但是，在相同的工艺条件下，表面复合速度依赖于表面掺杂浓度。

在砷化镓中，表面复合速度非常大（达到 10^6cm/s 量级）；但是，沉积 GaAlAs 薄层可以将表面复合速度降至 $10 \sim 10^3$cm/s。对于晶体硅太阳能电池而言，制造工艺中的真空蒸镀氮化硅减反射膜同时对硅表面进行钝化，极大降低了硅太阳能电池的表面复合速度。

各种太阳能电池绝大多数工作在小注入情况下，同时存在以上所述的少数载流子复合过程，常用少子寿命来综合描述。

（二）载流子产生

任何一个前面所描述的复合过程都存在着逆过程来产生载流子。当电子被激发后，直接从价带进入导带，这就是直接产生过程。需要说明的是，热能或光能所提供的能量必须满足能带间的跃迁。若热能被吸收，这个过程就称为直接热产生；若外部输入的光被吸收，这个过程就称为光产生。

（三）载流子复合-产生过程的数学描述

下面首先讨论光产生过程中的数学表达。

光照射到半导体表面，一部分会被反射，而另一部分会在半导体内传输。假设波长为人频率为 ν 的单色光。如果光子的能量（hν）大于带隙能量，光将会被吸收，并且在光经过的半导体内产生电子—空穴对。单色光通过半导体材料强度的减弱程度可表示为

$$I = I_0 e^{-\alpha x} \tag{2-13}$$

式中，I_0 是半导体材料内 x=0 处的光强度；α 是吸收系数。吸收系数 α 与材料和波长 λ 有关。因为光子的吸收和电子-空穴对的产生是一一对应的关系，所以载流子产生率也应该依赖于 $e^{-\alpha x}$，光产生过程使所产生的电子和空穴数相等。所以有

$$\frac{\partial n}{\partial t} = \frac{\partial p}{\partial t} = G(x, \lambda) \tag{2-14}$$

其中

$$G(x, \lambda) = G_0 \alpha(\lambda) e^{-\alpha x} \tag{2-15}$$

式中 G 是光产生率的简化符号（个/cm³·s），而 G_0 是 x=0 处的光产生率。

当有光照时，原来半导体中的平衡将被打破，或者说半导体受到了一定的微扰，需要注意的是，这个微扰必须是小注入，更加精确地有

$\Delta p \ll n_0$，$n \approx n_0$（N 型材料内）

$\Delta n \ll p_0$，$p \approx n_0$（P 型材料内）

在小注入情况下，多数载流子浓度基本保持不变，但是少数载流子浓度常常是增加若干个数量级。因此少数载流子起到了关键的作用。作为一个例子，我们在表 2-1 中列出了 N 块、型硅（电阻率为 1Ω·cm）在光照时载流子浓度的变化。

表 2-1　电阻率为 1Ω·cm 的 N 型硅在光照时载流子浓度的变化

平衡时	光照注入 $\Delta n_p = \Delta p_n = 10^{19} cm^{-3}$ 光生载流子以后（去平衡时）
平衡多子浓度： $n_{n0} = 5.5 \times 10^{15} cm^{-3}$ 平衡少子浓度： $p_{n0} = 3.5 \times 10^4 cm^{-3}$ 平衡时： $n_{i0}^2 = n_{n0} \cdot p_{n0} = 2 \times 10^{20} cm^{-3}$	多子浓度： $n_n = 5.5 \times 10^{15} cm^{-3} + 10^{10} cm \approx 5.5 \times 10^{17} cm^{-3} = n_{n0}$ 少子浓度： $p_n = 3.5 \times 10^4 cm^{-3} + 10^{10} cm \approx 10^{10} cm^{-3} = \Delta p_n$ 非平衡时： $n_1^2 = n_n \cdot p_n = 5.5 \times 10^{15} cm^{-3} > n_p^2$ $\Delta n_n = \Delta p_n < n_{p0}$

由此可见，光入射到电阻率为 1Ω·cm 的 N 型硅上，注入 $\Delta n_n = \Delta p_n = 10^{10} cm^{-3}$ 的过剩载流子后，满足小注入条件。这时，多子浓度不受影响，而少子浓度却增加约 28 万倍。所以外界条件的改变将会极大地影响少子数目，也就是说，只有少子的行为对外界变化敏感。

（四）连续性方程

所行类型载流子的输运，不管它是漂移、扩散，间接或直接复合，间接或直接产生，它们都会使截流子浓度随时间而变化。因而，可以把所有类型载流子输运的总效果视为相同，即单位时间内截流子浓度的总变化等于与电子或空穴各个过程所引起的变化之和，即

$$\begin{cases} \dfrac{\partial n}{\partial t} = \dfrac{\partial n}{\partial t}\Big|_{漂移} + \dfrac{\partial n}{\partial t}\Big|_{扩散} + \dfrac{\partial n}{\partial t}\Big|_{R-G复合} + \dfrac{\partial n}{\partial t}\Big|_{其他} \\[3mm] \dfrac{\partial p}{\partial t} = \dfrac{\partial p}{\partial t}\Big|_{漂移} + \dfrac{\partial p}{\partial t}\Big|_{扩散} + \dfrac{\partial p}{\partial t}\Big|_{R-G复合} + \dfrac{\partial p}{\partial t}\Big|_{其他} \end{cases} \tag{2-16}$$

从本质上讲，这些过程需要满足载流子守恒的条件。在已知各点上，电子和空穴不会凭空出现或消失，其变化是由载流子的输运和产生—复合等过程所导致的。载流子浓度需要保持空间和时间连续性，因此式（2-16）就是著名的连续性方程。

对于少子来说，若只考虑一维系统，并在小注入条件下，连续性方程可写为

$$\begin{cases} \dfrac{\partial \Delta n_p}{\partial t} = D_N \dfrac{\partial^2 \Delta n_p}{\partial^2 x^2} - \dfrac{\Delta n_p}{\tau_n} + G \\[3mm] \dfrac{\partial \Delta p_n}{\partial t} = D_P \dfrac{\partial^2 \Delta p_n}{\partial^2 x^2} - \dfrac{\Delta p_n}{\tau_p} + G \end{cases} \tag{2-17}$$

上式就是少子的扩散方程，注意，该方程只能在少子的情况下使用，即电子适用于P型材料，空穴适用于N型材料。

第四节　光学减反射膜

为了让半导体材料吸收更多的光，往往要求反射的光越小越好。但是对于薄膜型的半导体材料，当光入射到材料表面时，会发生多次折射和反射，最终的反射光的强度要由光的干涉结果来决定，不同的材料或改变材料的厚度都会影响材料对光的吸收。

对于发面光滑且各向同性的均匀介质薄层，当一束单色平面波入射到光学薄膜上时，在它的两个表面上发生多次反射和折射，反射光和折射光的方向由反射定律和折射定律给出，经过计算推导可知，多光束干涉得到光学薄膜的反射系数为

$$r = \frac{r_1 + r_2 e^{-i\delta}}{1 + r_1 r_2 e^{-i\delta}} \tag{2-18}$$

式中，r_1是薄膜上表面的反射系数；r_2是薄膜下表面的反射系数；δ是相邻两出射光之间的相位差，且有

$$\delta = \frac{4\pi}{\lambda} n_1 h \cos \theta_1 \tag{2-19}$$

上式中h为覆膜厚度，θ光线入射角，因此薄膜的反射率为

$$R = rr^* = \frac{r_1^2 + r_2^2 + 2r_1 r_2 \cos \delta}{1 + r_1^2 r_2^2 + 2r_1 r_2 \cos \delta} \tag{2-20}$$

当光束正入射到薄膜上时，由菲涅耳公式可得薄膜两表面的反射系数分别为

$$r_1 = \frac{n_0 - n_1}{n_0 + n_1}, \quad r_2 = \frac{n_1 - n_2}{n_1 + n_2} \tag{2-21}$$

将以上两式代入式（2-20）得到对应单层膜的反射率为

$$R = \frac{(n_0 - n_2)^2 \cos^2 \frac{\delta}{2} + (\frac{n_0 n_2}{n_1} - n_2)^2 \sin^2 \frac{\delta}{2}}{(n_0 - n_2)^2 \cos^2 \frac{\delta}{2} + (\frac{n_0 n_2}{n_1} + n_1)^2 \sin^2 \frac{\delta}{2}} \tag{2-22}$$

上式表明，在 n_0、n_2 为常数时，反射率随 δ 变化，也即随 n_1、h 变化，为了使反射率达到极小，我们需要选择具有合适折射率的材料及其厚度。当所镀减反射薄膜满足下述关系时，垂直入射光的反射率为零：

$$\begin{cases} n_1 = \sqrt{n_0 \cdot n_2} \\ n_1 \cdot h = m \cdot \frac{1}{4} \lambda \end{cases} \tag{2-23}$$

式中 m 为奇数，即四分之一波长的奇数倍。此式为光学减反射薄膜的零消光条件。当然，用于太阳能电池的半导体材料结构要复杂得多，往往具有多层薄膜，因此更加要进行设计和优化，得到最佳匹配的材料及其厚度，这也是一个很实用的研究方向

第五节 PN结特性

本节仅介绍无光照的PN结的静电特性和 I-V 特性一般结论。

一、PN结的静电特性

在一块单晶半导体中，一边掺有受主型杂质，为P型半导体；另一边掺有施主型杂质，为N型半导体时。P型半导体和N型半导体的交界面附近的过渡区称为PN结。根据PN结材料的不同，PN结可分为同质结和异质结两种。用同一种半导体材料制成的PN结叫同质结，由禁带宽度不同的两种半导体材料制成的PN结叫异质结。根据PN结中杂质的分布情况，PN结可分为突变结和线性缓变结两种。制造PN结的方法有合金法、扩散法、离子注入法和外延生长法等。制造异质结通常采用外延生长法。

在P型半导体中有许多带正电荷的空穴和带负电荷的电离杂质。在电场的作用下，空穴是可以移动的，而电离杂质（离子）是固定不动的。N型半导体中有许多可动的负电子和固定的正离子。当P型半导体和N型半导体接触时，界面附近的空穴从P型半导体向N型半导体扩散，电子从N型半导体向P型半导体扩散。空穴和电子相遇而复合，载流子消失。因此在界面附近的结区中有一段距离缺少

载流子，却有分布在空间的带电的固定离子，称为空间电荷区或耗尽区。P型半导体一边的空间电荷是负离子，N型半导体一边的空间电荷是正离子。而两边的区域称为中性区，正、负离子在界面附近产生电场，该电场阻止载流子进一步扩散，从而最终达到平衡。

当PN结达到平衡时，其耗尽区电压称为内建电势（V_{bi}），这是一个非常重要的结参数，对于非简并掺杂突变结的特定情况，内建电压可表达为

$$V_{bi} = \frac{kT}{q} \ln\left(\frac{N_A N_D}{n_i^2}\right) \tag{2-24}$$

以Si为例，300K时取$N_A = N_D = 10^{15} cm^{-3}$，计算得至$V_{bi} = (0.0259) \ln (10^{30}/10^{20}) \approx 0.6 (V)$，这是一个典型值。

二、PN结的 I－V 特性

下面主要定性地分析PN结在外加偏压下的内部工作机理，首先考虑PN结热平衡能带图，在结的N型一侧的中性区内，存在着大量的电子和少许空穴。而在结的P型一侧的中性区内，存在着高浓度的空穴和少量的电子。

设想这些电子和空穴具有热动能，当然它们也能够在半导体中来回移动。首先重点分析一下结的N型一侧的电子，发现这些载流子中的绝大部分都没有足够的能量"爬过"这个势垒。载流子扩散进入耗尽区，只能导致低能量的载流子被反射回到N型中性区，但一些高能量的电子能够克服势垒，进入结的P型一侧。应该认识到上面描述的情况是电子从结的N型高密度电子一侧向结的P型低密度电子一侧进行扩散。

尽管N型一侧的电子面对的是势垒，但P型一侧的电子却没有任何势垒限制。如果P型一侧少量电子中的个别电子偶尔进入了耗尽层，电场将很快地将它们扫到结的另一侧。显然在热平衡条件下，从P型到N型的漂移电流正好抵消N型到P型的扩散电流，空穴的情况与电子完全类似。P型的少部分空穴获得了足够高的能量越过势垒并进入结的N型一侧，而从N型一侧进入耗尽层的空穴将被扫到结的P型一侧，同样两个电流也相互抵消。

我们已经了解了结附近的多数载流子的运动规律，下面考虑外加正向偏压的情况，正向偏压是指在P型一侧加高电压。相对无偏压时的情况，最大的变化是结的P型和N型之间的势垒出现下降，相同数目的少数截流子依然会被耗尽层并被扫到结的另外一侧。但是由于势垒高度的下降，N型一侧更多的电子和P型一侧更多的空穴现在可以越过势垒，然后进入结的相对一侧。这导致了一个电子电流（I_n）和一个空穴电流（I_p），二者都是从结的P型一侧流入到N型一侧。此外，由于势垒随外加电压而出现线性下降，且载流子浓度会随能级位置呈指数变化，所

以具有足够能量越，过势垒的电子数目会随电压呈指数关系增加。因此，正向电流也会随外加电压而呈指数关系增大。

下面考虑反向偏压时的情况。相对于热平衡条件，偏压的主要作用是提高了P型和N型之间的势垒高度。在热平衡条件下，一些N型区电子和P型区空穴依然能够越过势垒；那么在反向偏压下，即使非常小的电压值，也会使穿过结的多数载流子的扩散降低到可忽略不计的程度。另一方向，P型区的电子和N型区的空穴依然能够进入到耗尽层并被扫到结的另一侧。因此反向偏压引起了一个从N型到P型的电流，反向偏压电流与少数载流子相关，电流值也非常小。另外需要注意的是，少数载流子漂移电流不受势垒高度的影响，确定电流大小的是每秒进入耗尽区的少数截流子的数目。因此，一旦在一个反向小偏压下，多数载流子的扩散电流下降到一个可忽略不计的程度，预计反向电流将会出现饱和——其数值与外加偏压无关。

有人会问："上面分析得不错，但是正向偏压引起了多数载流子的注入而反向偏压引起了少数载流子的抽取，两个偏压是否会导致电荷在器件内出现积累？"答案是：不会。主要是由于上面的分析只考虑了紧靠耗尽区附近的载流子运动，还没有提供出器件内载流子运动的整体图像。这个整体图像就是已经注入和抽取的载流子是如何重新得到补充，而器件状态是如何得到保持的。

下面以反向偏压为例进行说明，当电子从P型一侧进入耗尽层然后被扫到N型的一边，借助复合产生中心产生出来的电子会替代离开的电子。总体上描述了反向偏压时PN结中载流子的行为，一个电子从价带跃入复合产生中心，随后进入导带。同样，只要少数载流子空穴从N型被扫到P型一侧，那么就会通过载流子产生过程来补充一个空穴，同时产生的电子和从P型一侧落下势垒进入N型一侧的电子，一起在结的N型一侧，导致多数载流子电子出现过剩现象，这些过剩的多数载流子电子会产生一个局部电场，将临近的电子推向接触电极。这种置换现象传播得非常迅速，N型一侧整个串联链中的电子都会向接触电极方向略微移动。在紧靠接触电极的附近，与过剩电子数目相同的电子会被推进到接触电极内，然后进入外部电路。而在结的P型一侧，空穴的行为与此类似，耗尽层边出现的多余载流子会引起P型一侧中性区内的一连串空穴都略微移动，同样与过剩载流子数目相同的空穴被推入到接触电极内，并与来自金属的电子相复合。这种复合也将消除掉从结的N型一侧流出的过剩电子，从而完成了一次循环。

第六节　单晶硅的基本光学性质

一、硅的特点

目前，全球所制造的所有半导体器件95%以上是由硅取得的，从材料的某些基本性质比较，硅并非最理想的半导体材料，但它为什么如此受到重用，以致人们把我们现在所处时代称为"硅"时代，这主要是由于硅材料具有以下一系列实用化优势。

1.资源丰富，且易于提高到极纯的纯度。硅是地球上仅次于氧，丰富度为第二的元素，目前，硅材料可以提纯到杂质原子浓度小于10^{10}个/cm，是地球上最纯的材料。

2.较易生长出大直径、无位错单晶，1998年已经生长出直径为400mm、无位错硅单晶，2000年又成功生长直径为400mm、长1100mm、重438kg的硅单晶和直径为450mm、重442kg的硅单晶。硅单晶也是地球上最大、最完整的单晶体。增大晶片直径使每片所得芯片数大幅度增加，从而降低单个芯片和IC的成本。

3.易于对硅进行可控掺杂，可达到很宽的掺杂浓度范围。

4.易于通过沉积工艺制备出单晶硅、多晶硅和非晶硅薄层材料，它们在IC中发挥各自的作用。

5.易于进行腐蚀加工，包括湿化学腐蚀或干腐蚀。

6.带隙大小适中，在一般使用条件下，不致因本征激发而影响器件性能。

7.硅有相当好的力学性能，其硬度较高，为不锈钢的两倍；抗屈强度为普的1.8倍，较易于进行机械加工，使大直径晶体可以切出较薄的晶片，也有相当好的加工稳定性。

8.硅本身是一种稳定的绿色材料，没有毒性。

9.可利用多种金属和掺杂条件在硅材料上制作低阻欧姆接触，从而降低所制器件的寄生电阻。

10.最重要的也许是在硅表面上很容易制备高质量的介电层——二氧化硅层，它是自然的、完美的绝缘层，它对于杂质扩散、离子注入又是很好的阻挡层，因而是良好的掩膜材料。

正是由于硅材料具备了上述多方面的综合优良性能，才使得半导体硅材料及其器件和电路生产发展最快，生产规模最大，工艺技术最为成熟，从而使生产成本不断下降。

二、硅的能带结构和光学性质

硅的晶体结构为金刚石结构，高纯熔区硅单晶的晶格常数为0.5430710nm。金刚石晶格比许多其他晶格"宽松"，晶格常数也容易受到掺杂而发生改变。根据能带结构的不同，半导体材料可分为直接带隙材料和间接带隙材料，而单晶硅属于后者。直接带隙是指导带底和价带顶在k空间中同一位置。电子要跃迁到导带，产生导电的电子和空穴，只需要吸收能量即可。间接带隙半导体材料中导带底和价带顶在k空间不同位置。电子要发生跃迁必须同时满足能量守恒和动量守恒，即还需从外界获得声子以补足跃迁前后动量差。

正因为硅是间接带隙半导体，而间接带隙半导体中的电子在跃迁时k值会发生变化，这意味着电子跃迁前后在k空间的位置不一样了，这样会有极大的概率将能量释放给晶格，转化为声子，变成热能释放掉。而直接带隙中的电子跃迁前后只有能量变化，而无位置变化，于是便有更大的概率将能量以光子的形式释放出来。因此单晶硅的发光现象不是很明显。要提高发光效率，一种方法是破坏单晶硅的长程有序性，即生长非晶硅、多晶硅等。

第七节 太阳能辐射

太阳光辐照情况与太阳能电池的设计生产以及太阳能电池安装后的实际工作状态密切相关。这里介绍几个太阳能电池常用的概念。

一、太阳辐射光谱

太阳辐射中辐射能按波长分布，称为太阳辐射光谱。大气上界太阳光谱能量分布曲线，与用普朗克黑体辐射公式计算出的6000K的黑体光谱能量分布曲线非常相似。因此可以把太阳辐射看作黑体辐射。太阳是一个炽热的气体球，其表面温度约为6000K，内部温度更高。太阳辐射主要集中在可见光部分（0.4~0.76μm），波长大于可见光的红外线（>0.76μm）和小于可见光的紫外线（<0.4μm）的部分少。在全部辐射能中，波长在0.15~4μm之间的占99%以上，且主要分布在可见光区和红外区，前者约占太阳辐射总能量的50%，后者约占43%，紫外区的太阳辐射能很少，只约占总量的7%。

二、光谱辐照度I

太阳光本质上是一种电磁波辐射。辐照度P是指单位面积上接收电磁波辐射的功率密度，单位是kW/m^2，或者W/cm^2。光谱辐照度是单位面积上、单位光谱能量上接收的电磁波辐射功率，单位是 $W \cdot cm^{-2} eV^{-1}$。

三、光子通量 Ne

光子通量指单位光谱能量、单位时间通过垂直于入射光方向的单位面积的光子数。辐照度 P 等于在整个光谱范围 E 内，对光子通量和单色的光子能量 E 乘积的积分。

$$P = \int_{\lambda_{min}}^{\lambda_{max}} \frac{hc}{\lambda} \cdot E d\lambda \qquad (2-25)$$

四、太阳天顶角、高度角和方位角

天顶角指光线入射方向与天顶方向的夹角。

太阳高度角简称太阳高度，指对于地球上的某个地点，太阳光的入射方向和地平面之间的夹角。太阳高度是决定地球表面获得太阳热能数量的最重要的因素。太阳高度 h 与天顶角互余。

太阳方位角即太阳所在的方位，指太阳光线在地平面上的投影与当地子午线的夹角，可近似地看作竖立在地面上的直线在阳光下的阴影与正南方的夹角。方位角以正南方向为零，由南向东向北为负，由南向西向北为正，如太阳在正东方，方位角为-90°，在正东北方时，方位为-135°，在正西方时方位角为+90°，在正北方时为±180°。

五、太阳常数和大气质量

太阳光在其到达地球的平均距离处的自由空间中的辐射强度被定义为太阳能常数，标定测量值为 1353W/m²。大气对地球表面接收太阳光的影响程度被定义为大气质量（airmass，AM）。大气质量为 0 的状态（AM0），是指在地球大气层之外的空间接收太阳光的情况，适用于人造卫星和宇宙飞船等应用场合。大气质量为 1 的状态（AM1），是指太阳光直接垂直照射到地球表面的情况，其入射光功率约为 925W/m²，相当于晴朗夏日在海平面上所承受的太阳光。AM0 与 AM1 光谱的区别在于大气对太阳光的衰减，主要包括臭氧层对紫外线的吸收、水蒸气对红外线的吸收以及大气中尘埃和悬浮物的散射等。

$$AM = \frac{1}{\sin h} \qquad (2-26)$$

当 h=41.8° 时，大气质量为 AM1.5，是指典型晴天时太阳光照射到一般地面的情况，其辐射总量（包括太阳直接辐射和散射分量）约为 900W/m²。不同太阳光谱或者不同光辐照度下太阳能电池及组件的输出功率等参数有可能不同，测试评价太阳能电池及组件必须在标准测试条件下进行。业内通行的标准测试条件为：1.大气质量AML5光谱；2.太阳辐照度为P=1000W/m²；③环境温度T=25℃±1℃。

第三章　太阳能电池工作原理

第一节　PN结

PN结是太阳能电池的心脏，晶体硅太阳能电池主要依靠PN结的光伏效应来工作。

一、PN结的形成及内建电场

当p型半导体和N型半导体紧密结合成一块时，在两者的交界面处就形成PN结。实际上，同一块半导体中的P区和N区的交界处就形成PN结。PN结早被誉为晶体管、集成电路的心脏，对于仅有一个PN结的太阳能电池也毫不例外。

设两块均匀掺杂的P型硅和N型硅，掺杂浓度分别为N_A和N_D。室温下，硼原子和磷原子全部电离，因而在P型硅中均匀分布着浓度为P_p的空穴（多子），及浓度为N_p的电子（少子）。在N型硅中类似地均匀分布着浓度为N_n的电子（多子），及浓度为P_n的空穴（少子）。

当P型硅和N型硅相互接触时，如图3-1（a）所示，交界面两侧的电子和空穴浓度不同，于是界面附近的电子通过界面向左扩散运动，而空穴则向右扩散运动。界面右侧附近的电子流向P区后，就剩下了一薄层不能移动的电离磷原子P^+，如图3-1（b）、（d），形成一个正电荷区，阻碍N区电子继续流向P区，也阻止P区空穴流向N区。类似的过程也使界面左侧附近剩下一薄层不能移动的电离硼原子B^-，它阻碍P区空穴向N区及N区电子向P区继续流动。于是界面附近两侧的正负电荷区形成了一个电偶层，称为阻挡层，如图3-1（b）所示。

因为电偶层中的电子和空穴几乎流失或者复合殆尽，所以阻挡层也称耗尽层。又因为阻挡层中充满了固定电荷，故又称空间电荷区，其中存在着由N区指向P

区的电场，称为"内建电场"，如图3-1（b）。显然在内建电场作用下，将产生空穴向左而电子向右的漂移运动，其方向恰与扩散运动相反。图3-1（c）为N区和P区的杂质分布图；图3-1（d）为空间电荷区电荷分布图；图3-1（e）为空间电荷区的电场分布图，可以看到极大值 ε_{max} 出现在N区和P区的接触面上；图3-1（f）为各区载流子的分布图；图3-1（g）为PN结的能带图。

PN结形成过程也可以从能带图得到说明。N型半导体中电子浓度大，费米能级 E_{Fn} 位置较高；P型半导体空穴浓度大，故费米能级 E_{Fn} 位置较低。当两者紧密接触时，电子将从费米能级高处向低处流动，而空穴相反。与此同时，在由N区指向P区的内建电场作用下，E_{Fn} 连同整个N区能带下移 E_{Fp} 则连同P区能带上移，价带和导带弯曲形成势垒，直到 $E_{Fn}=E_{Fp}=E_F$ 时停止移动，达到平衡，在形成PN结的半导体中有了统一的费米能级 E_F。在图3-1（g）中 E_{ip}、E_{in} 分别表示P区和N区的本征费米能级，而它们与该区实际费米能级之差除以q为 $E_{Fp}=(E_{ip}-E_{Fp})/q$，$E_{Fn}=(E_{Fn}-E_{in})/q$。E_{Fp}、E_{Fn} 称为各区的费米势，而 $V_D=E_{Fp}+E_{Fn}$ 为总的费米势。热平衡时总的费米势即为空间电荷区两端之间的电势差 V_D（也称PN结自建电压、接触电势差或者内建电势差）。

根据掺杂物质在PN结中的分布情况，PN结有突变结和线性缓变结之分。类似图3-1（c）中杂质分布称为突变结，在缓变结中，掺杂物质浓度梯度较小，耗尽区往往较宽。在太阳能电池中，通常用扩散法制PN结，表面杂质浓度很高，扩散层很薄，结深和耗尽层都很小（耗尽区只有几个原子层宽度），故可以认为属于单边突变结。

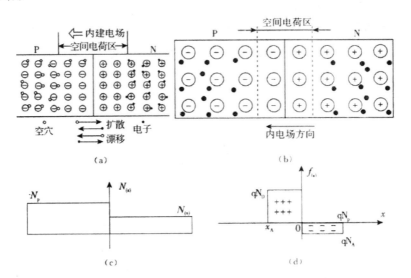

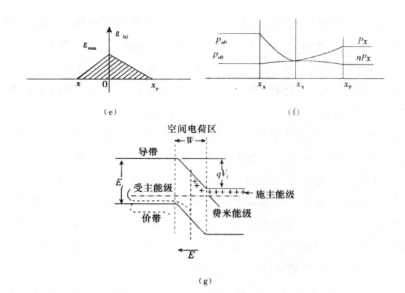

图 3-1　理想突变 PN 结杂质、电荷、电场强度、载流子分布及能带图

在如图 3-1 中的 PN 结中，空间电荷区以外，有

$$n_{n0} = n_i e^{(E_{Fn}-E_i)/kT}, \quad n_{p0} = n_i e^{(E_{Fn}-E_i)/kT}$$

两边取对数得

$$V_D = \frac{kT}{q} \ln \frac{n_{n0}}{n_{p0}} = \frac{kT}{q} \ln \frac{N_D N_A}{n_i^2} \tag{3-1}$$

可见在一定温度下，突变结两端掺杂浓度越高，则自建电压 V_D 越大；禁带宽度大，n_i 小，故 V_D 也越大。

势垒宽度就是阻挡层宽度。在平衡的 PN 结中，电偶层两边分别带有等量异号电荷。设图 3-1 （b）中的半导体具有单位截面积，则有

$$N_D x_n = N_A x_p \tag{3-2}$$

式中，x_n 为 n 区中空间电荷区的厚度；x_p 为 p 区中空间电荷区的厚度。利用泊松方程

$$\frac{d^2 V(x)}{dx^2} = \frac{qN_D}{\varepsilon_r \varepsilon_0} (x_n \leqslant x \leqslant 0) \tag{3-3}$$

$$\frac{d^2 V(x)}{dx^2} = \frac{qN_A}{\varepsilon_r \varepsilon_0} (0 \leqslant x \leqslant x_p) \tag{3-4}$$

式中，V（x）为 x 处的静电势；ε_r、ε_0 分别为材料的相对介电系数和真空介电系数。

对泊松方程两边积分，并代入边界条件，即得到 PN 结中最大电场强度为

$$\varepsilon_{max} = \frac{qN_D x_n}{\varepsilon_r \varepsilon_0} = \frac{qN_A x_p}{\varepsilon_r \varepsilon_0} \tag{3-5}$$

那么如图3-1（e）所示，静电势总变化量等于电场强度分布的总面积，即等于

$$V_D = \frac{1}{2} \varepsilon_{max}(x_p + x_n) = \frac{1}{2} \varepsilon_{max} W \tag{3-6}$$

突变结耗尽区总宽度 $W = x_p + x_n$ 与结上静电势变化总量的函数关系式为

$$W = \sqrt{\frac{2\varepsilon_r \varepsilon_0}{q} \frac{N_D + N_A}{N_D N_A} V_D} \tag{3-7}$$

通常在 N^-P 或者 P^-N 太阳能电池中，PN结两边的浓度差很大，即可以把它当作单边突变结来近似。当有外加电压 V 存在时，

$$W = \sqrt{\frac{2\varepsilon_r \varepsilon_0}{q} \frac{N_D + N_A}{N_D N_A}(V_D - V)} \tag{3-8}$$

单晶硅太阳能电池的 W 值如表3-1所示。

表3-1　单晶硅太阳能电池结电容和相应耗尽区宽度

基区材料电阻率/（Ω·cm）	PN结电容/（μF·cm^{-2}）	耗尽区宽度/μm
10	0.0145	0.75
1	0.038	0.28
0.1	0.106	0.098

二、反偏压与正偏压

如前所述，平衡P、结中，在自建电压 V_D 作用下形成的漂移电流等于由载流子浓度差形成的扩散电流，而使PN结中净电流为零。外加电压将使PN结处于非平衡状态。若P区接正，N区接负，则外加电压 V_F 与 V_D 反向称为正向电压。正偏时结势垒高度降低为 $q(V_D - V_F)$，于是N区中有大量电子扩散到P区，P区也有大量空穴扩散到N区，形成由p指向n的可观的扩散电流，也称正向电流。随着正向电流的增加，PN结中扩散电流大大超过了由PN结中剩余的电势 $V_D - V_F$ 作用下形成的漂移电流，于是得到如图3-2中第一象限所示的正向电流电压特性，又称正向伏安特性。

若P区接负，N区接正，则外加电压 V_R 与 V_D 同向，V_R 称为反向电压。此时，势垒高度增加为 $q(V_D + V_R)$，势垒宽度也增加，于是N区中的电子及P区中的空穴都难以向对方扩散。相反，增强了少子的漂移作用，把N区中的空穴驱向P区，而把P区中的电子拉向N区，在结中形成了由N指向P的反向电流，因少子数目较少，所以反向电流一般都很小。图3-2中第三象限展示出了PN结的反向电流电压特性，也称反向伏安特性。PN结正、反向导电性很悬殊的差别即PN结的整流特性。

图3-2也相当于同质结太阳能电池的暗特性。PN结伏安特性是分析太阳能电

池工作特性的重要根据。

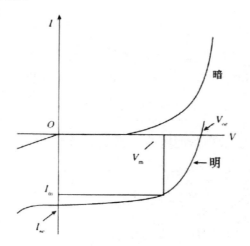

图 3-2　PN 结的整流特性和太阳能电池的明暗特性

（一）反偏

在图 3-3 中依次把 N+区、耗尽区、P 区分别设为①、②、③区。反偏时，因耗尽区电子、空穴浓度小而电阻大，故可以认为反偏电压 V_R 全部降落在②中。①及③中载流子浓度大而电阻小，可认为是无电场作用的中性区，而总的反向电流密度 J_R 为各区对反向电流密度贡献之和：

$$J_R = (J_1 + J_3) + J_2 \tag{3-9}$$

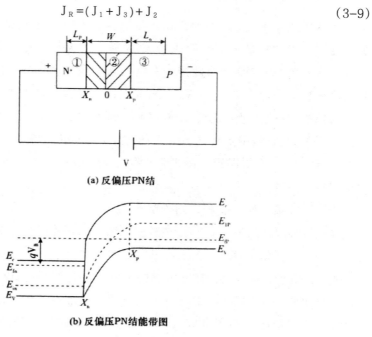

(a) 反偏压PN结

(b) 反偏压PN结能带图

图 3-3　反偏差 PN 结及其能带图

先讨论 J_2。若反偏电压 $V_R >> kJ/q$，由于②中存在 $V_D + V_R$ 的电势，载流子浓度远远低到其平衡浓度以下，即 $n \times q < < n_i^2$；因为一部分载流子已被扫出耗尽区（空穴扫至 p 区，电子扫至 N 区）。载流子浓度的降低，使得通过复合中心发生的 4 个复合——产生过程只有两个发射过程是重要的，另两个俘获过程可以忽略。因为它们的速率正比于自由载流子浓度，而自由载流子浓度在反偏耗尽区内是很少的。

在稳态情况，这两个发射过程能够起作用的唯一途径是交替进行，于是耗尽区内的复合中心交替地发射电子和空穴，这时电子-空穴对的产生率可以容易地由式 $U = \sigma v_t N_t (n_p - n_{p_0})$ 当 $n \cdot q \leqslant n_i^2$，$E_i = E_t$，$\sigma = \sigma_p = \sigma_n$ 时得到

$$U = \frac{1}{2} \sigma v_t N_t n_i = \frac{n_i}{2\tau_0} \tag{3-10}$$

有效寿命 τ_0 为

$$\tau_0 = \frac{1}{\sigma v_t N_t} \tag{3-11}$$

与式 $\tau_p = \frac{1}{\sigma v_t N_t}$ 比较，可知反偏电压有效寿命与中性区相同。

每产生一个电子-空穴对，就立即被势场扫出耗尽区，从而对外电路提供一个电子电荷。假设耗尽区截面积均为单位面积，宽度为 W，则耗尽区体积为 $W \times 1$，由于耗尽区内产生而出现的 J_2 称为产生电流密度：

$$J_2 = q |U| W = \frac{1}{2} q \frac{n_i}{\tau_0} W \tag{3-12}$$

可见反向偏压越大，W 越宽，其中包含的复合中心越多，产生电流 J_2 就越大。当复合中心能级在禁带中线时，τ_0 与温度无关，但因为 J_2 正比于 n_i，与 n_i 一样与温度 T 有关。

在区域①或②，少数载流子仅仅是通过扩散而运动。如果在耗尽区边界 x_n 附近的 N 区内有电子-空穴对产生，则通过扩散而到达心的空穴立即被耗尽层中的电场扫向 P 区；与此相反，从 P 区扩散到耗尽区边界 x_p 的电子被扫向 N 区。这些电流分量 J_1、J_3 称为扩散电流密度。

可以认为，只有那些在耗尽区边界以外一个扩散长度距离以内产生的那些少数载流子，才能到达耗尽区的边界，而被电场扫到耗尽区的另一端去，对扩散电流作出贡献。那些在离耗尽区边界一个扩散长度距离以外的中性区中产生的电子-空穴对，则复合掉了。于是可写出扩散电流密度分量：

$J_1 = q$ [N区单位体积净产生率] × [N区少子扩散长度]

$J_3 = q$ [P区单位体积净产生率] × [P区少子扩散长度]

显然耗尽区边界处的少子浓度低于体内，$p_n \ll p_{n_0}$，$n_p \ll n_{p_0}$ 于是这个区域内热平衡时单位体积净产生率为

$$U = \frac{p_n - p_{n_0}}{\tau_p} \tag{3-13}$$

寿命为

$$\tau_p = \frac{1}{\sigma v_t N_t} \tag{3-14}$$

则有

$$J_1 = q \frac{n_{p_0}}{\tau_p} L_n = q D_n \frac{n_{p_n}}{L_n} \tag{3-15}$$

总的反偏扩散电流分量 J_0 为

$$J_0 = J_1 + J_3 = q \left(D_p \frac{p_{n_0}}{L_p} + D_n \frac{n_{p_0}}{L_n} \right) \tag{3-16}$$

由此可见，扩散电流密度的表达式是不含有外加电压的，所以只要有足够大的外加电压 $V_R \gg \frac{kT}{q}$，扩散电流就是饱和的，故 J_0 也称反向饱和电流密度，它对温度的依赖关系与 n_i^2 一样。将式（3-12）和式（3-13）代入式（3-9）可得总的反向电流密度

$$J_R = q \left(D_p \frac{p_{n_0}}{L_p} + D_n \frac{n_{p_0}}{L_n} \right) + \frac{1}{2} q \frac{n_i}{\tau_0} W \tag{3-17}$$

（二）正偏

当PN结处于正偏压 V_F 时（P区接电源正极，N区接负极），仍可认为N区、P区电阻较小，耗尽区电阻大，正向压降主要降落在耗尽区上。当大量电子从N区越过耗尽区界面 x_p 后，即为P区的过剩的少子，以P区少子的扩散方式在P区继续扩散，在几个扩散长度范围内复合，这些N区来的电子在P区继续扩散，在几个扩散长度范围内复合，这些N区的空穴也在N区内形成了一个扩散层。在这两个扩散层中间夹着一个耗尽区，电子和空穴在这3个区域不断地因复合而消失，而损失的电子和空穴将分别通过N区和P区上的接触电极从电源中得到补充。可以说，正向电流即为各区中单位时间由电子-空穴对的复合引起的。在图3-4中，设上述3个区域为①、②、③区，则正向电流密度 J_D 可表示为

$$J_D = (J_1' + J_3') + J_2' \tag{3-8}$$

中性区内的复合电流分量 J_1'、J_3' 称为扩散电流，耗尽区的电流分量 J_2' 称为复合电流。

在稳态情况，在N区扩散层中，小注入时可不考虑电场影响，则电子扩散方程为

$$D_n \frac{d^2 n_p(x)}{dx^2} \frac{n_p(x) - n_{p_0}}{\tau_n} = 0 \tag{3-19}$$

考虑边界条件：①在 $x=x_p$ 处，电子浓度 $n_p(x)|_{x_p}=n_p(x_p)$；②在远离 x_p 面处，电子浓度等于 P 区电子平衡浓度，即 $n_p(\infty)=n_{p_0}$。其解为

$$n_p(x)=n_{p_0}+[n_p(x_p)-n_{p_0}]e^{\frac{x_p-x}{L_n}} \tag{3-20}$$

式中，L_n 为电子扩散长度，它与电子扩散系数 D_n 及电子寿命 τ_n 满足

$$L_n=\sqrt{D_n\tau_n} \tag{3-21}$$

这时，进入 P 区的电子流提供的扩散电流分量为

$$J_3'=-qD_n'\frac{dn_p}{dx}\Big|x_p=qD_n\frac{n_p(x_p)-n_{p_0}}{L_n} \tag{3-22}$$

同理可得

$$p_n(x)=p_{n_0}+[p_{n_0}-p_n(x_n)]e^{\frac{x_p-x}{L_n}} \tag{3-23}$$

$$J_1'=-qD_p\frac{p_n(x_n)-p_{n_0}}{L_p} \tag{3-24}$$

式中，L_p 为空穴扩散长度，与空穴扩散系数 D_p 及空穴寿命 τ_p 满足

$$L_p=\sqrt{D_p\tau_p} \tag{3-25}$$

在非平衡的半导体中，需要利用准平衡条件，即利用电子的准费米能级 E_F^n 和空穴准费米能级 E_F^p 代替平衡费米能级 E_F 后，即可写出非平衡时的电子浓度及空穴浓度：

$$\begin{cases} n=n_ie^{(E_F^n-E_i)/kT} \\ p=n_ie^{(E_i-E_F^p)/kT} \end{cases} \tag{3-26}$$

在小注入时，多子的准费米能级几乎和平衡费米能级相同，少子的准费米能级则从平衡费米能级分裂开了。

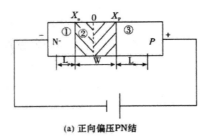

(a) 正向偏压PN结

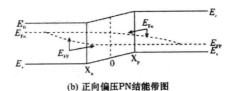

(b) 正向偏压PN结能带图

图 3-4　正向偏压 PN 结能带图

因为正偏是耗尽区宽度较小，可认为电子越过耗尽区时浓度不发生变化，电子准费米能级为直线，自 x_n 延伸到 x_p 面，对空穴也类同。在图3-4中，E_F^n、E_F^p 即为电子和空穴的准平衡费米能级，在正偏空间电荷区中，满足：

$$E_F^n - E_F^p = qV_F \tag{3-27}$$

于是由 N 区到达 P 区边界 x_p 处的电子浓度 $n_p(x_p)$ 即等于 N 区中的电子浓度 n_{n_0}，到达 x_n 处的空穴浓度 $p_n(x_n)$ 也等于 P 区中的空穴浓度 p_{p_0}，即

$$n_p(x_p) = n_{n_0} = n_i e^{(E_F^n - E_i)/kT} = n_{p_0} e^{qV_F/kT} \tag{3-28a}$$

$$p_n(x_n) = p_{p_0} = n_i e^{(E_i - E_F^p)/kT} = p_{n_0} e^{qV_F/kT} \tag{3-28b}$$

在正偏的单边突变结中（即常规硅太阳能电池的结构），由于 $n_{p_0} = n_i^2/N_A$，$p_{n_0} = n_i^2/N_D$，将这两式代入式（3-21）和式（3-24）则得

$$\begin{cases} J_1' = qD_n \dfrac{n_i^2}{N_A L_n}(e^{qV_F/kT} - 1) \\[3mm] J_3' = qD_p \dfrac{n_i^2}{N_D L_p}(e^{qV_F/kT} - 1) \end{cases} \tag{3-29}$$

耗尽区内的复合电流分量正比于复合率：

$$J_2' = -q \int_v^w U \, dx \tag{3-30}$$

由于 U 与 n 和 p 有关，而 n 和 p 均与距离 x 有复杂的关系，故这一积分就变得很繁杂。但是，如果做适当近似，则可得到比较有意义的结论。

如同我们在反偏时考虑过的那样，现在仍然假设耗尽区中的复合中心都是靠近禁带中线附近的最有效的复合中心，即满足 $E_t = E_i$，且 $\sigma_p = \sigma_n = \sigma$ 此时净复合率 U 可表示为

$$U = \sigma v_t N_t \frac{pn - n_i^2}{n + p + 2n_i} \tag{3-31}$$

利用式（3-26），即认为整个耗尽区内电子和空穴浓度之积为

$$p \cdot n = n_i^2 e^{qV_F/kT} \tag{3-32}$$

对于给定的正偏压 V_F，耗尽区中 n+p 值最小时，U 有最大值。既然 pn 和 n 都为常量，这极小条件可写为

$$dp = -dn = \frac{pn}{p^2} dp \tag{3-33}$$

或

$$p = n \tag{3-34}$$

在耗尽区内的 PN 结的理想结面上，上述条件成立，这时载流子浓度

$$p = n = n_i e^{qV_F/2kT} \tag{3-35}$$

于是 U 的最大值为

$$U_{max} = \sigma v_t N_t \frac{n_i^2(e^{qV_F/kT}-1)}{2n(n_i^2 e^{qV_F/2kT}+1)_i} \approx \frac{1}{2} \sigma v_t N_t n_i(e^{qV_F/2kT}-1) \tag{3-36}$$

带入式（3-30）可得复合电流

$$J_2' = \frac{1}{2} q \frac{n_i}{\tau_0} W (e^{qV_F/2kT}-1) \tag{3-37}$$

将式（3-29）和式（3-37）代入式（3-18）可得 PN 结被外电压 v_F 正向偏置时总的正向电流密度：

$$J_D = (qD_n\frac{n_i^2}{N_A L_n} + qD_p\frac{n_i^2}{N_D L_p})(e^{qV_F/kT}-1) + \frac{1}{2} q \frac{n_i}{\tau_0} W (e^{qV_F/kT}-1) \tag{3-38}$$

由此可见，当 $V_F \gg \frac{kT}{q}$ 时，复合电流正比于 $e^{qV_F/2kT}$，扩散电流正比于 $e^{qV_F/kT}$。

若不考虑耗尽区 J_2' 的影响，则 PN 结的正向电流密度 J_D 可简化为

$$J_D = (\frac{qD_n n_i^2}{L_n N_A} + \frac{qD_p n_i^2}{L_p N_D})(e^{qV_F/kT}-1) \tag{3-39}$$

令 J_0 为忽略 PN 结耗尽区影响时的反向饱和电流密度，同式（3-16）一样：

$$J_0 = \frac{qD_n n_i^2}{L_n N_A} + \frac{qD_p n_i^2}{L_p N_D} \tag{3-40}$$

则

$$J_D = J_0(e^{qV_F/kT}-1) \tag{3-41}$$

这就是著名的肖克莱方程，它反映了理想情况下，PN 结的正偏电流密度与偏压、反向饱和电流密度及温度的关系。

考虑了复合电流 J_2' 后，正向电流可以写成：

$$J_D = J_0(e^{qV_F/SkT}-1) \tag{3-42}$$

当 A=1 时，扩散电流为主；A=2 时，复合电流为主；当两种电流相近时，A 的值为 1～2。A 称为二极管曲线因子。

三、PN 结电容

如前所述，PN 结的空间电荷区内存在着正、负电荷数精确相等的电偶层，在外电场作用下，电偶层的宽度 W 将随外界电压变化，因而电偶层中的电量也随外加电压变化。根据电容的定义 $C = \frac{\Delta Q}{\Delta V} = \frac{dQ}{dV}$，可求出 PN 结的电容。如果用平行板电容器类比，则单位面积的结电容为

$$C = \frac{\xi_r \xi_0}{W}$$

这是在小注入条件下，对任意杂质分布都适用的一种很好的近似，在反偏时符合得更好。将式（3-7）代入上式，则得

$$C = \sqrt{\frac{q\xi_r\xi_0 N_A}{2(V_R + V_D)}} \qquad (3-43)$$

或写成

$$\frac{1}{C^2} = \frac{2}{q\xi_r\xi_0 N_A}(V_R + V_D)$$

显然，测出不同反偏时的 C 值，并以 $\frac{1}{C^2}$、V_R 分别作为纵、横坐标作图，则直线的斜率给出衬底杂质浓度 N_A，而截距给出自建电压 V_D，并由此可算出耗尽区的宽度 W。另外，通过测量反偏压和电容的关系，再做适当的微分变换，还可以直接求出杂质分布。

测量 PN 结电容，可为硅太阳能电池提供一些必要的参数。在硅太阳能电池用作太阳发电时，结电容对工作特性并没有多大影响，而在用作信号转换时，结电容与频率特性有密切的关系。

第二节　晶体硅太阳能电池

硅太阳能电池外形和基本构图如图 3-5 所示。典型的 N⁻P 型太阳能电池的基本结构为：基体材料为一薄片 P 型单晶硅（厚度在 0.4mm 以下），上表面为一层 N⁺型的顶区，并构成一个 PN⁺结。顶区表面有栅状的金属电极，背表面为金属底电极。上、下电极分别和 N⁺区和 P 区形成欧姆接触，整个上表面还均匀地覆盖着减反射膜。

电池被照明时，能量大于硅禁带宽度的光子，穿过减反射膜进入硅中，在 N 区、耗尽区和 P 区中激发光生电子-空穴对。光生电子-空穴对在耗尽区产生后，立即被内建电场分离，光生电子被送进 N 区，光生空穴则被推进 P 区。根据耗尽近似条件，耗尽区边界处的载流子浓度近似为零，即 p=n=0。在 N 区中，光生电子-空穴对产生以后，光生空穴便向 PN 结边界扩散，一旦到达 PN 结边界，便立即受到内建电场作用，被电场力牵引作漂移运动，越过耗尽区进入 P 区，光生电子（多子）则被留在 N 区。

P 区中的光生电子（少子）同样地先因为扩散、后因为漂移而进入 N 区，光生空穴（多子）留在 P 区。如此便在 PN 结两侧形成了正、负电荷的积累，产生了光生电压，这就是"光伏效应"。当光电池接上一负载后，光电流就从 P 区经负载流至 N 区，负载中即得到功率输出。

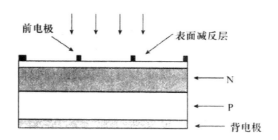

图 3-5 晶体硅太阳能电池的结构示意图

图 3-6 为不同状态下硅太阳能电池的能带图。其中图 3-6（a）为无光照、处于热平衡状态时的 PN 结能带图，有统一的费米能级，势垒高度为 $qV_D = E_{F_n} - E_p$。图 3-6（b）为稳定光照时，PN 结处于非平衡状态，光生载流子积累出现光电压，使 PN 结处于正偏，费米能级发生分裂。因为电池处于开路状态（没有接负载），故费米能级分裂的宽度等于 qV_{oc}，剩余的结势垒高度为 $q(V_D - V_{oc})$。图 5-7（c）为有稳定光照，电池处在短路状态（负载为零），原来在 PN 结两端积累的光生载流子通过外电路复合，光电压消失，势垒高度为 qV_D，各区中的光生载流子被内建电场分离，源源不断地流进外电路，形成短路电流 I_{sc}。图 3-6（d）为有光照和有外接负载时，一部分光电流在负载上建立电压 V，另一部分光电流和 PN 结在光电压 V 的正向偏压下形成的正向电流抵消。费米能级分裂的宽度正好等于 qV，而这时剩余的结势垒高度为 $q(V_D - V)$。

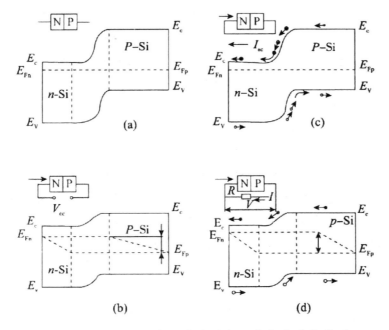

图 3-6 不同状态下晶体硅太阳能电池的能带图

第三节　光电流和光电压

一、光电流

光生载流子的定向运动形成光电流。如果投射到电池上的光子中，能量大于耳的光子均能被吸收，而激发出数量相同的光生电子-空穴对，且均可被全部收集，则光电流密度的最大值为

$$J_{L(max)} = qN_{ph}(Eg)$$

式中：$N_{ph}(E_g)$ 为每秒钟投射到电池上的能量大于 E_g 的总光子数。描述光子的密度可以用光子通量表示。对于单色光，光子通量指的是某一特定波长入射，垂直于入射光方向的单位面积上，单位时间内所通过的光子的数目，其单位为个/$(cm^2 \cdot s^1)$。

考虑光的反射、材料的吸收、电池厚度及光生载流子的实际产生率以后，光电流密度可表示为

$$J_L = \int_0^\infty \left[\int_0^H q\varnothing(\lambda)Q[1-R(\lambda)]\alpha(\lambda)e^{-\alpha(\lambda)x}dx \right]d\lambda = \int_0^\infty \left[\int_0^H qG_L(x)dxd\lambda \right]d\lambda$$

$$G_L(x) = \varnothing(\lambda)Q[1-R(\lambda)]\alpha(\lambda)e^{-\alpha(\lambda)x} \tag{3-44}$$

式中，$\Phi(\lambda)$ 为投射到电池上、波长为 λ、带宽为 $d\lambda$ 的光子数；Q 为量子产额，即一个能量大于 E_g 的光子产生一对光生载流子的几率，通常可令 $Q \approx 1$；$R(\lambda)$ 为和波长有关的反射因数；$\alpha(\lambda)$ 为对应波长的吸收系数；dx 为距电池表面 x 处厚度为 dx 的薄层；H 为电池总厚度。$G_L(x)$ 表示在 x 处光生载流子的产生率。

式（3-45）认为，凡是在电池中产生的光生载流子均可对光电流有贡献，因而是光电流的理想值。

由上节所述光电流形成过程可知，太阳能电池简化结构图中：①太阳能电池的 N 区、耗尽区和 P 区中均能产生光生载流子。②各区中的光生载流子必须在复合之前越过耗尽区，才能对光电流有贡献，所以求解实际的光生电流必须考虑到各区中的产生和复合、扩散和漂移等各种因素。为简单起见，先讨论波长为 λ 带宽为 dλ、光子数为 Φ（λ）的单色光照明太阳能电池的情况。

类似PN结正偏，在单位面积的太阳能电池中我们把 $J_z(\lambda)$ 视为各区贡献的光电流密度之和

$$J_L(\lambda) = J_n(\lambda) + J_c(\lambda) + J_p(\lambda) \tag{3-45}$$

式中，$J_n(\lambda)$、$J_c(\lambda)$、$J_p(\lambda)$ 分别表示 N 区、耗尽区、P 区贡献的光电流密度，在考虑各种产生和复合机构以后，即可求出每一区中光生载流子的总数和分

布，从而求出电流密度。

二、光电压

由于光照而在电池两端出现的电压称为光电压，它像外加于PN结的正偏压一样，与内建电场方向相反，光电压减低了势垒高度，而且使耗尽区变薄。太阳能电池在开路状态的光电压称为开路电压。

有光照时，内建电场所分离的光生载流子形成由N区指向P区的光电流J_L，而太阳能电池两端出现的光电压即开路电压V_{oc}却产生由P区指向N区的正向结电流I_D。在稳定光照时，光电流恰好和正向结电流相等（$J_L = J_D$）。PN结的正向电流可表示为

$$J_D = J_0 (e^{-qV/Ak\lambda} - 1) \tag{3-46}$$

于是有

$$J_L = J_0 (e^{-qV_{oc}/Ak\lambda} - 1) \tag{3-47}$$

两边取对数整理后，当A→1时得

$$V_{oc} = \frac{AkT}{q} \ln \left(\frac{J_L}{J_0} + 1 \right) \tag{3-48}$$

在AM1条件下，$\frac{J_L}{J_0} \gg 1$，所以

$$V_{oc} = \frac{AkT}{q} \ln \frac{J_L}{J_0} \tag{3-49}$$

显然V_{oc}随J_L增加而增加，随J_0增加而减小。似乎开路电压也随曲线因子A增加而增加，实际上A因子的增加，也是与J_0的增加有关，所以总的来说，A因子大的电池开路电压不会大。在略去产生电流的影响时，反向饱和电流密度为

$$J_0 = qD_n \frac{n_i^2}{N_A L_n} + qD_p \frac{n_i^2}{N_D L_p} \tag{3-50}$$

因为

$$n_i^2 = N_A N_D e^{-qV_D/kT}$$

故

$$J_0 = \left(qD_n \frac{N_D}{L_n} + qD_p \frac{N_A}{L_p} \right) e^{-qV_D/kT} = J_{00} e^{-qV_D/kT} \tag{3-51}$$

其中

$$J_{00} = qD_n \frac{N_D}{L_n} + qD_p \frac{N_A}{L_p} \tag{3-52}$$

V_D为最大PN结电压，等于PN结势垒高度。当A=1时可得

$$V_{oc} = V_D - \frac{kT}{q} \ln \frac{J_{00}}{J_L} \tag{3-53}$$

在低温和高光强时，V_{oc} 接近 V_D，V_D 越高 V_{oc} 也越大。因 $V_D \approx \dfrac{kT}{q} \ln \dfrac{N_D N_A}{n_i^2}$，故 PN 结两边掺杂度越大，开路电压也越大。通常把和耳之比称为电压因子（V·F），以描写开路电压与禁带宽度的关系，电压因子可表示为

$$V\,F = \frac{V_{oc}}{E_g} = \frac{AkT}{qE_g} \ln\left(\frac{J_L}{J_0} + 1\right) \tag{3-54}$$

就材料而言，禁带宽度愈大 I_0 越小，开路电压越高。

第四节　漂移电池的作用和背电场电池

当导电类型相同而掺杂浓度不同的两块半导体紧密接触时，高浓度一侧的多子将越过界面向低掺杂浓度区扩散，于是高浓度一侧出现的电离杂质和进入低浓度区的多子形成电偶层，出现了白建电场，同时在界面附近建立了势垒，这种势垒称为浓度结或梯度结。

以 P 型半导体为例，浓度结的能带如图 3-7 所示，假设其中 P 及 P⁺ 区都均匀掺杂，自建电场方向由 P 指向 P⁺。类似于 PN 结，可求得热平衡时 PP⁺ 界面处的接触势垒高度 qV_g 为

$$qV_g = E_{Fp} - E_{Fp^+} = \frac{kT}{q} \ln \frac{N_A^+}{N_A} \tag{3-55}$$

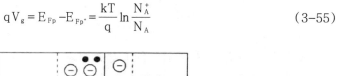

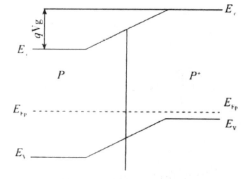

(a) PP⁺浓度结

(b) PP⁺浓度结能带图

图 3-7　PP⁺浓度结及其能带图

显然，把 PP⁺ 结与 N⁺P 结叠加在一起以后，在 PP⁺ 结之间的总内建电势 V_B 为：

$$V_B = V_D + V_g = \frac{kT}{q} \ln \frac{N_D^+ N_A}{n_i^2} + \frac{kT}{q} \ln \frac{N_A^+}{N_A} = \frac{kT}{q} \ln \frac{N_D^+ N_A^+}{n_i^2} \qquad (3-56)$$

可见总势垒高度增加了。

当 PP⁺ 结受到光照时，P 区中的光生电子若向 P⁺ 区运动，将被 PP⁺ 结势垒反射回去，而 P⁺ 区中的光生电子则因势能较高，可顺着 PP⁺ 结势垒流向 P 区。这些光生电子进入 P 区后，在 PP⁺ 结两侧出现与自建电势相反的光电压，因而在 N⁺PP⁺ 的太阳能电池中，在 PP⁺ 结处的光电压与 N⁺P 结相同，PP⁺ 结增加了电池的总开路电压，而开路电压的极大值 $(V_{oc})_{max}$ 就是 V_B。另外，P⁺ 区的少子浓度低于 P 区，所以 N⁺PP⁺ 电池中加进 PP⁺ 结以后，便减少了从基区到 N⁺ 区的注入电流，即减少了暗电流。从式（3-53）知，暗电流的减少将使实际开路电压增加。

在 N⁺P 电池基区的背面附加一个 PP⁺ 结的电池称为背电场（BSF）电池，根据实际背电场电池的杂质分布和能带结构，测出各区杂质浓度分布以后，用泊松方程

$$\frac{d^2V(x)}{dx^2} = -\frac{N(x)}{\xi_r \xi_0}, \quad \frac{d\varepsilon}{dx} = \frac{N(x)}{\xi_r \xi_0}$$

显然各区中漂移电场在不发生高掺杂效应时，具有的显著优点是：1.加速光生少子输运，增加了光电流。2.由于少子复合下降而减少了暗电流，背电场还可能把向背表面运动的光生少子反射回去重新被收集。当然，背电场对薄电池和材料电阻率较高时适用实验中发现，当基区厚度大于一个电子扩散长度时，背电场就不起作用，因为被反射回去的少子在到达 PN 结前即被复合了。3.可以增加开路电压，但实验发现基体材料电阻率低于 $0.5\Omega \cdot cm$（即 $N_A > 10^{17}/cm^3$）时，背电场已不起作用。4.改善了金属和半导体的接触，减小了串联电阻，整个电池的填充因子也得到改善。

第五节　太阳能电池的量子效率与光谱响应

太阳能电池的量子效率定义为一个具有一定波长的入射光子在外电路产生电子的数目。分为外量子效率 EQE（λ）和内量子效率 IQE（λ）两者的区别在于前者考虑全部的入射光子，后者仅考虑没有被反射的入射光子。内量子效率对于更能反映太阳能电池本身对外电路输出光电子的能力。内量子效率与太阳能电池的总光生电流行作以下关系：

$$I_{ph} = q \int \varnothing(\lambda)[1 - R(\lambda)] IQE(\lambda) d\lambda \qquad (3-57)$$

式中：Φ（λ）是入射到太阳能电池上的波长久的光子通量；R（λ）是上表面

的反射系数。使用干涉滤光器或者单色仪对太阳能电池内外量子效率进行常规测量，以衡量一个太阳能电池的性能。例如，有机聚合物太阳能电池，其转换效率通常很低，不易准确测量，通常用内外量子效率来表征其性能。

以一定波长的单色光照射一个太阳能电池时产生的光电流与该波艮的光谱辐照度之比，定义为光谱相应（以 SR（λ）表示，单位为 A/W）。由于光子数和辐照度相关，所以光谱响应与量子效率存在以下关系：

$$SR(\lambda) = \frac{q\lambda}{hc}QE(\lambda) = 0.808\lambda QE(\lambda) \tag{3-58}$$

式中：λ 的单位是 μm。

第六节　太阳能电池的光电转换效率及影响因素

一、太阳能电池的光电转换效率

（一）光电转换效率

太阳能电池受照明时，输出电功率与入射光功率之比 η 称为太阳能电池的光电转换效率，也称太阳能电池的转换效率。

$$\eta = \frac{P_m}{A_t P_{in}} = \frac{I_m V_m}{A_t P_{in}} = \frac{FEI_{sc}V_{oc}}{A_t P_{in}} = \frac{FEV \cdot FI_{sc} E_g}{A_t P_{in}} = \frac{FEV \cdot FI_{sc} E_g}{A_t \int_0^\infty \varnothing(\lambda)\frac{hc}{\lambda}d\lambda} \tag{3-59}$$

式中：A_t 为包括栅线图形面积在内的太阳能电池总面积；$P_{in} = \int_0^\infty \varnothing(\lambda)\frac{hc}{\lambda}d\lambda$ 为单位面积入射光功率。

在式（3-57）的效率友达式中，如果把 A_t 换为有效面积 A_a（也称活性面积），即从总面积中扣除栅线图形面积，从面算出的效率要高一些，这一点在阅读国内、外文献时应特别注意。

（二）硅太阳能电池的光电转换效率分析

美国的普林斯（Priencc）最早算出硅太阳能电池的理论效率为 21.7%。20 世纪 70 年代，华尔夫（M. Wolf）又做过详尽的讨论，也得到硅太阳能电池的理论效率，在 AM0 条件下为 20%～22%，不久前又把它修改为 25%（AM1 条件）。

估计太阳能电池的理论效率，必须把入射光能到输出电能之间所有可能发生的损耗都计算在内；其中有些是与材料及工艺有关的损耗，而另一些则是由基本物理原理所决定的。考虑了所有的损耗以后，可画出如表 3-2 所示的损耗分类表。

表 3-2　晶体硅太阳能电池能量损失过程

损耗	考虑该损失时能量利用率	考虑该损失后剩余的太阳能
可供能转换的入射光能	100%	100%
反射损失 3%	97%	97%
长波损失：波长大于极限波长，23%	77%	74%
被电池吸收的光未能产生载流子，0	100%	74%
短波损失：$h\upsilon > E_g$ 的光子激发光子后剩余的能量不能被利用，43%	57%	42%
光生空穴电子对在各区复合，16%	81%	35%
光生载流子被 PN 结分离时，产生结区损失，35%	65%	22.7%
串并联电阻损失，3%	97%	22%
在最佳负载上得到的电功率		22%

表 3-3 是目前各类太阳能电池的实验室转换效率记录。

表 3-3　目前各类太阳能电池的实验室转换效率记录

电池总类	转换效率	研发单位	备注
单晶硅太阳能电池	24.7%	澳大利亚新南威尔士大学	4cm²
背接触聚光单晶电池	26.8%	美国 Sunpower 公司	96 倍光
GaAs 多结电池	40.7%	Spectro Lab	333 倍光
多晶硅电池	20.3%	德国弗朗霍夫研究所	1.002m²
InGaP/GaAs 电池	30.28%	日本能源公司	4cm²
非晶硅薄膜电池	12.8%	美国 USSC 公司	0.27cm²
CIGS 电池	19.9%	美国可再生能源实验室	0.41cm²
CdTe 电池	16.5%	美国可再生能源实验室	1.032cm²
多晶硅薄膜电池	16.6%	德国斯图加特大学	4.017cm²
纳米硅电池	10.1%	日本钟渊公司	2cm 膜（玻璃衬底）
染料敏化电池	11.0%	EPFL	0.25cm
HIT 电池	21.5%	日本三洋电机公司	

太阳能电池的高量子效率是太阳能电池高光电转换效率的必要条件，而不是其充分条件，太阳能电池的量子效率高说明其把光子转换成外电路电子的能力高。换句话说，同样的光辐照度其产生光生电流高，但并不意味着太阳能电池的开路

电压高，也不意味着太阳能电池的填充因数高，所以不一定意味着太阳能电池的光电转换效率高。

二、影响太阳能电池光电转换效率的因素

综上所述，提高太阳能电池的效率，必须提高开路电压 V_{oc}、短路电流 I_{sc} 和填充因子 FF 这 3 个基本参量。而这 3 个基本参量之间往往是相互牵制的，如果单方面提高其中一个，可能会因此而降低另一个，以致总效率不仅没提高或反而有所下降。因而在选择材料、设计工艺时必须全盘考虑，力求使 3 个参量的乘积最大。

无论对于空间应用或地面应用的硅太阳能电池，一些影响效率的因素是共同的。这就是 1. 基片材料；2. 暗电流；3. 高掺杂效应；4. 串、并联电阻的影响等。本节将详细讨论暗电流和高掺杂效应对电池的影响。在此基础上，简要介绍几种提高硅太阳能电池效率的途径。

（一）暗电流

当 PN 结处于正偏状态时，略去串联电阻的影响，在负载上得到的电流密度
$$J = J_L - J_D$$
J_D 被称为光电池的暗电流，即推导过的 PN 结正向电流。

在开路电压的表达式中又可看到它明显地消耗光电流，降低开路电压，所以减小暗电流是提高太阳能电池效率的重要方面。

对于均匀掺杂的 PN 结硅太阳能电池，有

$$J_D = \left(qD_n \frac{n_i^2}{N_A L_n} + qD_p \frac{n_i^2}{N_D L_p} \right)(e^{qV/kT} - 1) + \frac{1}{2} q \frac{n_i}{\tau} W (e^{qV/2kT} - 1) \tag{3-60}$$

前一项称为注入电流，也就是 P 区和 N 区的扩散电流。显然 P 区、N 区掺杂浓度 N_A、N_D 越大，少子寿命越长、扩散长度愈长，暗电流中的注入电流分量就越小。后一项称为复合电流，它与耗尽区宽度 W 成正比，与耗尽区中的载流子平均寿命 τ 成反比。要减少暗电流中的复合电流分量，需要减少耗尽区宽度，减少耗尽区中的复合中心，并把载流子的寿命维持在高水平上。

在考虑到 PN 结存在高掺杂时，暗电流还包含第三个量——隧穿电流
$$J_t = K_1 N_t e^{BV} \tag{3-61}$$
式中：K_1 是包含电子的有效质量 m^*、内建电场、掺杂浓度、介电常数、普朗克常数等的一个系数；N_t 是能够为电子或空穴提供隧道的能态密度。而

$$B = \frac{8\pi}{3h} \sqrt{m^* \xi_0 \xi_r N_{D \cdot A}} \tag{3-62}$$

式中：$N_{D \cdot A}$ 人为 PN 结区的平均掺杂浓度；m^* 为载流子的有效质量。B 是一个与温度无关的系数。

N区的电子因为有PN结势垒的阻挡，一般不能穿过结势垒，但有少数靠近PN结；原来在N区导电带中的电子却可以通过禁带中的深能级（这些深能级由其他杂质或缺陷构成）隧穿过PN结势垒与价带中的空穴复合，这种过程称为隧道效应。那些靠近PN结，原来在价带中的空穴也可以类似地隧穿复合。由隧道效应产生的电流称为隧穿电流，隧穿电流主要在高掺杂的PN结区附近发生。

人与温度无关，即使在极低温度时也可测出。在零偏压附近由 $1 \sim 10\Omega \cdot cm$ 材料制作的硅太阳能电池，注入电流为 $10^{-9}A/cm^2$ 复合电流约为 $10^{-5}A/cm^2$，在低电压时复合电流要小一个数量级，所以对于宽禁带的材料或在低温、低光强时，注入电流的影响特别重要。而对于窄禁带材料或在高温、高光强时，复合电流变得更为重要。

用式（3-63）表示一般太阳能电池中的暗电流

$$J_D = J_0(e^{qV/AkT} - 1) \tag{3-63}$$

式中：J_0 应当包括复合电流、隧穿电流中的非指数项；曲线因子 A 与工艺有关，在品质优良的太阳能电池上，$A \approx 1$；而在劣质电池上，$A = 2$，甚至更大。

减小暗电流和A因子的办法是 1.减少空间电荷区的复合能级（包括隧道态），为此必须减少重金属杂质以及其他能够作为复合中心的杂质、缺陷等出现在空间电荷区；2.抑制高掺杂效应；3.增加各区少子寿命；4.加强漂移场、减少表面复合等。

（二）高掺杂效应

因为开路电压公式为

$$V_{oc} = \frac{AkT}{q} \ln\left(\frac{I_L}{I_0} + 1\right) = V_D - \frac{AkT}{q} \ln\frac{I_{00}}{I_L} \tag{3-64}$$

于是预言：基区和扩散区的掺杂浓度越高，开路电压越高，用 $0.01\Omega \cdot cm$ 的硅片可以做出 V_{oc} 高于 0.7V 的电池。但在试验中始终未能得到，其原因是存在"高掺杂效应"。硅中杂质浓度高于 $10^{18}/cm^3$ 称为高掺杂，由于高掺杂而引起的禁带收缩、杂质不能全部电离和少子寿命下降等现象统称为高掺杂效应。

1.禁带收缩

造成禁带收缩的主要原因是

（1）硅的能带边缘出现了一个能带尾态，于是禁带缩小到两个尾态边缘间的宽度。

（2）随着杂质浓度的增加，杂质能级扩散为杂质能带。并且有可能和硅的能带相接（或称简并，杂质能带和硅能带简并），而使硅的能带延伸到杂质能带的边缘，禁带也就变小。

（3）高浓度的杂质使晶格发生宏观应变（畸变），从而造成禁带随空间变化而使禁带缩小。

2.载流子寿命下降

少子寿命对于太阳能电池效率极为敏感，各区中由光激发出的过剩少数载流子必须在它们通过扩散和漂移越过PN结之前不复合，才能对输出电流有贡献。因此，我们希望扩散层及基区中的少子寿命都足够地长，少子寿命长，不仅可以增加光电流，而且会减少复合电流，增加开路电压，从而对效率有双重影响。一般要求扩散层及基区中少子寿命必须保证少子扩散长度大于各区厚度。

据肖克莱-里德-霍尔和萨的复合理论，P区和N区中的少子寿命 τ_n 及 τ_p 与复合中心密度成反比，而与掺杂浓度无关。但对硅寿命实测结果表明，可能达到的最大寿命和杂质浓度有一定的关系。相关研究揭示了扩散长度和杂质浓度的关系，虽然有些离散，但仍可看到两种趋势：

（1）扩散长度（因而寿命）随掺杂浓度增加而减少。

（2）N型材料的实测值 L_p 高于P型材料的 L_n（在高掺杂时），两者同时急剧减少。

原因如下：

（1）高掺杂引起晶体缺陷密度增加。林特霍姆（F. A. Lindholm）指出，高掺杂引起晶体缺陷密度按浓度的4次方增加。由前面的分析知，缺陷增加意味着载流子寿命下降。

（2）由于禁带变窄和耗尽区收缩，通过隧道效应的复合增加，尤其是通过深能级上的隧穿复合增加，减少了载流子的寿命。

（3）由于表面层中多子密度很高，通过晶格碰撞而产生的俄歇电子复合增多，也使得载流子寿命变小。在电阻率小于 $0.1\Omega\cdot cm$ 时，少子寿命受俄歇复合限制而与掺杂浓度有关。

$$\tau_{俄} = \frac{1}{C_n N_A^2} \tag{3-65}$$

式中，$C_n = 1.2 \times 10^{-31} cm6/s$，称为俄歇复合常数。实测的 $\tau_{俄}$ 与上式符合得很好。

3.开路电压下降

杂质不能全部电离，使有效掺杂浓度下降，从而使开路电压下降。

如果高掺杂发生在扩散区顶部，还有更坏的影响。结深 $x_j = 0.4\mu m$，表面处浓度约为 $5 \times 10^{20}/cm^3$，浓度分布的曲线形状严重偏离高斯分布或余误差分布。在靠近表面宽，$1.5\mu m$ 的一薄层内杂质浓度很高，且不随距离而变化，人们称之为"死层""非活性层"。在死层中，存在着大量的填隙磷原子、位错和缺陷，少子寿命极短（远低于1ns以下），光在死层中激发出的光生载流子都无为地复合掉了。

进一步的分析指出，死层区就是高掺杂区。高掺杂区中只有部分杂质原子能够电离，已电离的杂质浓度称为有效杂质浓度 N_{eff}。

$$N_{eff} = \frac{N_D}{1 + 2e^{\Delta E_D/kT}} \tag{3-66}$$

式中：N_D 为施主杂质浓度，ΔE_D 为施主杂质电离能。当 $N_D \leqslant 10^{18} cm^{-3}$ 时，当 $ND > 1018 cm^{-3}$ 时，$N_D > N_{eff}$ 太阳能电池扩散层中的有效杂质分布图表明：表面浓度大于 $10^{19} cm^{-3}$ 时，在掺杂区的近表面处出现了一个倒向（与正常的杂质分布相反）的电离杂质分布。这种倒向分布形成一个阻止少子向 PN 结边缘扩散的倒向电场，从而增加了少子的复合。可以认为，这个倒向电场的边缘即为"死层"的边缘。由图还可看出，$N_s = 10^{19} cm^{-3}$ 的高斯分布还不至于使掺杂区出现倒向电场，也可以把 $10^{19} cm^{-3}$ 看成是表面浓度的上限。

表 3-4 指出，照射在硅上的短波长太阳光（如蓝-紫光），在近表面约 $2\mu m$ 处就几乎全部被吸收，而长波部分则约需 $500\mu m$ 厚才基本被吸收完。因为任何波长的光强都是靠近表面处最强，因而表面层中吸收的光子总数，总是大于体区中同样厚度一层硅中吸收的光子总数，故表面层对任何光电池都是极为重要的。表面 $0.5\mu m$ 的一层硅即能吸收约 9% 的太阳能（AM0、AM1 光谱）。据现行太阳能电池工艺，PN 结的结深一般为 $0.25 \sim 0.5\mu m$，恰好表面层就是掺杂层。所以死层对于电池的性能影响很大。

表 3-4 太阳光谱在单晶硅中的穿透深度

波长间隔$\Delta\lambda/10^{-8}cm$	中心波长$\lambda/10^{-8}cm$	吸收系数α/cm^{-1}	穿透深度$x/10^{-4}cm$	
			$\frac{I(x)}{I_0} = 0.5$	$\frac{I(x)}{I_0} = 0.01$
3725 紫外光区 4249	4000	6.0×10^4	0.12	0.07
4250 紫光 1719	4500	2.2×10^4	0.31	2.1
4750 青光 5249	5000	1.2×10^4	0.58	3.8
5250 绿光 5749	5500	6.8×10^3	1.0	6.8
5750 黄光 6249	6000	4.1×10^3	1.7	11
6250 橙光 6749	6500	3.0×10^3	2.3	15
6750 红光 7249	7000	2.0×10^3	3.5	23
7250 红光 7749	7500	1.5×10^3	4.6	31
7750 红外 8249	8000	1.2×10^3	5.8	38
8250 红外 8749	8500	9.2×10^2	7.5	50
8750 红外 9249	9000	6.4×10^2	11	72
9250 红外 9749	95000	4.5×10^2	15	100
9750 红外 1024	910000	2.4×10^2	29	190

续表

波长间隔 $\Delta\lambda/10^{-8}$cm	中心波长 $\lambda/10^{-8}$cm	吸收系数 α/cm^{-1}	穿透深度 $x/10^{-4}$cm	
			$\dfrac{I(x)}{I_0}=0.5$	$\dfrac{I(x)}{I_0}=0.01$
10250红外1074	910500	8.2×10^1	85	560
10750红外1124	911000	1.0×10^1	690	4600

禁带收缩减小开路电压，使本征载流子浓度增加，从而增加反向饱和电流；寿命缩短又使表面层和空间电荷区中复合电流变大，加上死层的影响，都使短路电流及效率下降。这是在给定扩散区杂质浓度以后，体区掺杂浓度与开路电压的关系。实线为未考虑高掺杂效应时的理论值，虚线为考虑高掺杂效应后的理论值。圆圈为实测到的最大值。

如果基区掺杂浓度在 10^{17}cm^{-3} 以下（ $>0.1\Omega\cdot$cm），那么只有扩散层中存在高掺杂（ $10^{19}\sim5\times10^{20}$cm^{-3} ），这样就会使得表面层和空间电荷区中产生的暗电流成为整个暗电流的主要部分，从而影响开路电压和短路电流，这是电池制作中应当重视的。

目前对于高掺杂效应的理论和实验研究正在进行中，人们希望在这方面的深入研究，能为太阳能电池效率的提高带来新的突破。

（三）提高效率的途径

20世纪70年代以来，对于提高硅太阳能电池效率的努力是多方面的，有的已经取得明显的成功，有的显示了成功的希望，主要有以下几点。

1.紫光电池，采用 $0.1\sim1.15\mu$m 浅结和 30条/cm 精细密栅的紫电池，克服了死层，提高了电池的蓝紫光响应，AM1效率曾达18%。但因光刻密栅技术的难度而未能大规模推广。

2.绒面电池，依靠表面金字塔形的方锥结构，对光进行多次反射，不仅减少了反射损失，而且改变了光在硅中的前进方向，并延长了光程，增加了光生载流子的产量；曲折的绒面又增加了PN结面积，从而增加对光生载流子的收集率，使短路电流增加5%～10%，并改善电池的红光响应。

3.背表面的光子反射层，在电池的背面使用光滑表面的金属底电极，可以反射到达底表面的红光，增加电池的红光响应和短路电流。

4.优质减反射膜的选择，可提高短路电流。

5.退火和吸杂，采用适当的热退火、氢退火、激光退火或杂质吸附的办法，可以提高各区的少子寿命，从而提高光电流和光电压。但在俄歇复合的高掺杂区内，寿命受热处理的影响较小。

6.正面高低结太阳能电池。背面高低结电池业已投入工业生产。萨支唐等人详细分析了在常规 N$^+$P 电池的扩散层引入一个 N$^+$N 高低结，构成 N$^+$NP 电池及 N$^+$NPP$^+$电池的工作特性。并且指出：引入 N$^+$N 正面高低结之后，开路电压和效率均有大幅度提高。1976 年有人用外延的方法先做 NP 结，再用扩散或离子掺杂法做成 N$^+$NP 高低结太阳能电池，在 AM1 条件下，开路电压已达 636mV。

7.理想化的硅太阳能电池模型，考虑到绒面技术、背表面场技术和光学内反射等方面所取得的成绩，以及对重掺杂材料中俄歇复合和能带变窄效应的进一步了解，材料掺杂和工艺水平的提高（少子寿命的提高，表面复合速率降低），华尔夫在新的理想化的太阳能电池模型下作了新的计算，预言在 AM1 的光谱（99.3mW/cm^2）条件下，有希望获得约 25% 的最高效率。

理想化的电池模型假设有一个厚的耗尽区（0.05~0.06μm）和薄的基区（50~100μm），表面层和基区中均无静电场，表面复合均为零，正面有绒面结构，背面存在着光学内反射层。为了获得高的 V$_{oc}$ 和 V$_m$ 值，新电池 P 区和 N 区的掺杂浓度均低于产生高掺杂效应的极限浓度，这样就可获得最高的效率。随着半导体器件工艺的发展，上述理想的太阳能电池效率或许有希望接近。

第四章　晶体硅太阳能电池制造工艺

近些年来，全世界生产及应用最多的太阳能电池是由单晶硅太阳能电池和多晶硅太阳能电池构成的晶体硅太阳能电池，其产量占到当前世界太阳能电池总产量的80%以上。晶体硅太阳能电池因其制造工艺成熟，性能稳定可靠，光电转换效率高，使用寿命长，已经进入工业化大规模生产。因此，本章重点介绍地面应用的晶体硅太阳能电池的一般生产制造工艺。

晶体硅太阳能电池生产制造工艺包括的内容有宽狭之分。宽的内容范围，包括硅材料的制备、太阳能电池片的制造和太阳能电池组件的封装3个部分。狭的内容范围仅仅指太阳能电池片的制造，本章介绍宽的内容范围，即不仅包括太阳能电池片的制造，还包括太阳能电池组件的封装。

目前晶体硅太阳能电池主流的制造工艺是以丝网印刷电极为特征的现代先进丝网印刷工艺，其能量转换效率在标准测试条件下已达到18%左右。基于电极金属化制备方法，存在几种高效率的实验室太阳能电池，有些高效实验室太阳能电池（如HIT太阳能电池）已进入规模化生产阶段。

全世界的太阳能研究所、实验室及太阳能电池商对工艺的创新投入大，太阳能电池的制造工艺发展迅速，当今主流的生产工艺可能在若干年后被更先进的新工艺所代替，这是学习本章应该注意的。

第一节　硅材料的制备

一、高纯多晶硅的制备

硅是地壳中分布最广的元素，其含量高达25.8%。但自然界的硅，主要以石英砂形式存在，其主要成分为硅的氧化物。生产制造晶体硅太阳能电池用的硅材

料高纯多晶硅，是用石英砂冶炼出来的，首先把石英砂放在电炉中，用碳还原的方法得到工业硅，也称冶金硅。其反应式为

$$SiO_2+2C=Si+2CO$$

较好的工业硅，是纯度为98%～99%的多晶硅。工业硅所包含的杂质，因原材料和制法而异。一般来说，铁、铝约占0.1%～0.5%，钙占0.1%～0.2%，铬、锰、镍、铁、钛、锆各占0.05%～0.1%，硼、铜、镁、磷、钒等均在0.01%以下。工业硅大量用于一般工业，仅有百分之几用于电子信息工业。

从冶金级硅提炼出太阳能级多晶硅是整个产业链的核心技术所在，是制约光伏产业链中最大的瓶颈，一方面是提炼晶体硅的工艺成本和技术，另一方面是生产多晶硅流程中的高耗能高污染的环境成本。多晶硅制备国际主流的技术有如下几类：

（一）改良西门子法

1955年，西门子公司开发了在硅芯发热体上沉积硅的工艺技术，称为西门子法。在此基础上，实现了闭路循环，形成了改良西门子法。改良西门子法是目前生产多晶硅最为成熟、投资风险最小、最容易扩建的工艺，国内外现有的多晶硅厂大多采用此法生产太阳能级与电子级多晶硅，占当今世界生产总量的70%～80%，电力成本约占总成本的70%左右。使用这种方法生产多晶硅成本为25～35美元/kg，仍是目前的主流工艺技术，该方法利用氯气和氢气合成HCl（或外购HCl），HCl和工业硅粉在一定的温度下合成$SiHCl_3$。然后对$SiHCl_3$进行分离精储提纯，提纯后的$SiHCl_3$在氢还原炉内进行化学气相沉积反应得到高纯多晶硅。

（二）流化床法

流化床法是以$SiCl_4$、H_2、HCl和工业硅为原料，在高温高压流化床内（沸腾床）生成$SiHCl_3$，将$SiHCl_3$再进一步歧化加氢反应生成$SiH2Cl_2$，继而生成硅烷气。制得的硅烷气通入加有小颗粒硅粉的流化床反应炉内进行连续热分解反应，生成粒状多晶硅产品。目前采用该方法生产颗粒状多晶硅的公司主要有挪威可再生能源公司（REC）、德国瓦克公司（Wacker）、美国HemLock和MEMC公司等。使用这种方法生产多晶硅成本为15～25美元/kg。

（三）冶金法

1996年，日本川崎制铁公司开发了由冶金级硅生产太阳能级多晶硅的方法。采用纯度较高的工业硅进行水平区域熔单向凝固成硅锭，除去硅锭中的金属、硼、磷和碳杂质后再清洗在熔解炉内直接生成出太阳能级多晶硅。美国道康宁公司采用此法在2006年投产了1000t多晶硅生产线，其成本低于改良西门子法的2/3，是世界上第一个采用大规模制备技术生产出的多晶硅材料。使用这种方法生产多晶

硅成本为5~15美元/kg，该方法选择纯度较好的工业硅进行水平区熔单向凝固成硅锭，除去硅锭中金属杂质聚集的部分和外表部分后，进行粗粉碎与清洗，在等离子体融解炉中除去硼杂质，再进行第二次水平区熔单向凝固成硅锭，之后除去第二次区熔硅锭中金属杂质聚集的部分和外表部分，经粗粉碎与清洗后，在电子束溶解炉中除去磷和碳杂质，直接生成出太阳能级多晶硅。

除了以上三类主流制作多晶硅技术之外，随着光伏产业发展对多晶硅的需求迅速增长，近年来不断涌现出多种专门用于太阳能级多晶硅生产的低成本新技术工艺，如汽-液沉积法、区域熔化提纯法、无氯技术、碳热还原反应法、铝热还原法，以及常压碘化学气相传输净化法等。目前，太阳能级多晶硅制备技术与工艺主要掌握在美国、日本、德国及挪威等国家的几个主要生产厂商中，形成技术封锁和垄断。我国的多晶硅生产厂家大多采用的是改良西门子技术工艺，为满足社会经济日益发展的需求，急需进一步扩大多晶硅生产的规模和加强低成本新技术与新工艺的研究。

下面介绍一下国内大多数公司采用的改良西门子法。

工业硅与氢气或者氯化氢反应，可以得到三氯氢硅或者四氯化硅。经过精馏，使三氯氢硅或者四氯化硅的纯度提高，然后通过还原剂（通常为氢气）还原为单质硅。在还原过程中，沉积的微小硅粒形成很多晶核，并且不断增多长大，最后形成棒状（或者针状、块状）多晶硅。习惯上把这种还原沉积出的高纯硅棒（或者针状、块状）称为多晶硅。它的纯度为99.99%~99.9999%。

二、单晶硅棒的制备

单晶硅棒的制备方法很多，可以从熔体上生长，也可以从气相中沉积。目前，国内外在生产中采用的主要有熔体直拉法和悬浮区熔法两种。

（一）熔体直拉法

直拉法（CZ）即丘克拉斯基法。它是将经处理的高纯多晶硅或者半导体工业所生产的次品硅（单晶或者多晶头尾料）装入单晶炉的石英坩埚内，在合理的温度中，于真空或者气氛保护下加热使硅熔化，用一个经加工处理过的晶种——籽晶，使其与熔硅充分熔接，并以一定的速度旋转提升，在晶核诱导下，控制特定的工艺条件和掺杂技术使其具有预期电性能的单晶沿籽晶定向凝固、成核长大，从熔体上缓缓提拉出来。目前我国用此法可以制备出直径达0.2m（8 in）、重达百余千克的大型单晶硅棒。

（二）悬浮区熔法

悬浮区熔法（FZ）也称无坩埚区熔法。它是将预先处理好的多晶硅棒和籽晶一起竖直固定在区熔炉的上下轴之间，以高频感应等方法加热。由于硅密度小、表面张力大，在电磁场浮力、熔硅表面张力和重力的平衡作用下，使所产生的熔区能稳定地悬浮在硅棒中间。在真空或气氛下，控制特定的工艺条件和掺杂，使熔区在硅棒上从头到尾定向移动，如此反复多次，最后沿籽晶长成具有预期电性能的单晶硅棒。目前在生产中广泛使用的是内热式高频感应加热，在真空或者气氛下区熔合生长单晶，即工作线圈放在工作室内用高频感应加热。此法的特点是能够提高单晶硅纯度、减少含氧量及晶体缺陷，但是成本很高，因此目前仅用于生产高效太阳能电池的单晶硅材料。

三、多晶硅锭的制备

多晶硅太阳能电池是以多晶硅为基体材料的太阳能电池。它的出现主要是为了降低晶体硅太阳能电池的成本。其主要优点有：能直接拉制出方形硅锭，设备比较简单，并能制出大型硅锭以形成工业化生产规模；材质电能消耗较省，并能用较低纯度的硅作投炉料；可在电池工艺方面采取措施降低晶界及其他杂质的影响。其主要缺点是生产出的多晶硅太阳能电池转换效率要比单晶硅太阳能电池稍低。

（一）定向凝固法

定向凝固法是将硅材料放到坩埚中熔融，然后将用坩埚从热场逐渐下降或从坩埚底部通冷源，以造成一定的温度梯度，固液面则从用期底部向上移动而形成硅锭的方法。

（二）浇铸法

浇铸法是将熔化后的硅液从坩埚中倒入另一模具中形成硅锭，铸出的硅锭被切成方形硅片制成太阳能电池的方法。此法设备简单、耗能低、成本低，但易造成位错、杂质缺陷而导致转换效率低于单晶硅太阳能电池。

近年来，多晶硅的铸锭工艺主要朝大锭方向发展。目前生产出的是65cm×65cm、重达240kg的方形硅锭。铸出此锭的炉时为36~60h。切片前的硅材料实收率可达83.8%。由于铸锭尺寸的加大，使产率及单位重量的实收率都有所增加，提高了晶粒尺寸及硅材料的纯度，降低了坩埚的损耗及电能损耗，使多晶硅锭的加工成本较拉制单晶硅降低了许多。

四、片状硅的制备

片状硅又称硅带，是从熔体中直接生长出来的，可以大为减少切片的损失，片厚为100~200μm。主要生长方法有限边喂膜法、枝蔓蹼状晶法、边缘支撑晶法、小角度带状生长法、激光区熔法和颗粒硅带法等。其中枝蔓蹼状晶法和限边喂膜法比较成熟。枝蔓蹼状晶法是从生端里长出两条枝蔓晶，由于表面张力的作用，两条枝晶中间会长出一层薄膜，切去两边的枝晶，用中间的片状晶来制作太阳能电池。由于硅片形状如蹼状，所以称为蹼状晶。它在各种硅带中质量是最好的，但生长速度相对缓慢。限边喂膜法，是从特制的模具中拉出筒状硅，然后用激光切割成单片来制造太阳能电池。目前已能拉出每面宽10cm的10面体筒状硅，厚度达300μm。它是目前投入研发最多的硅带，产量已达4MW级。近期硅带的研发目标是制出125mm×125mm的硅片，将厚度降至250μm左右。用限边喂膜法进行大批量生产时，应满足的主要技术条件如下。

1.采用自动控制温度梯度、固液交界的新月形的高度及硅带的宽度等，以有效地保证晶体生长的稳定性。

2.在模具对硅材料的污染方面进行控制。

从总体上看，硅带生长方法目前仍在进一步的研究试验中，仅建立了少数生产线，尚未投入大规模工业化生产。

五、太阳能级硅的研发

快速发展的晶体硅太阳能电池的生产与应用，使硅材料的需求量剧增，耗量巨大。按目前我国光伏产业现在的生产技术水平，生产1MW的晶体硅太阳能电池约需要14t硅材料，我国到2010年生产1000MW晶体硅太阳能电池，硅片的厚度降到200μm左右，耗用10000t左右的硅材料，远远大于我国硅材料的供应能力。因此，必须未雨绸缪，下大力气研究解决硅材料的生产供应问题。研究开发太阳能级硅是重要的解决途径。"太阳能级硅"并无精确的定义。由于冶金硅的杂质含量太高，影响电太阳池的光电转换效率，如设法将其用简单的化学或者物理方法提纯，使之能够应用于制造太阳能电池，则将大大降低电池的成本，这种硅就被称为"太阳能级硅"。一般认为，能够制造出光电转换效率10%电池的廉价硅材料，即可称之为"太阳能级硅"。而能用于制造集成电路的硅，则称之为"电路级硅"。

为探索各种不同杂质原子对太阳能电池效率的影响，科研人员花费了大量精力进行研究实验，已取得如下成果：

1.钽、钼、铌、钛、钨、钒等元素，在浓度为 $10^{13}\sim10^{14}m^{-3}$ 即对太阳能电池转换效率产生很大的影响；

2.镍、铝、钴、铁、锰、铬元素，则要在浓度 $10^{15}cm^{-3}$ 以上时才对太阳能电池转换效率有影响；

3.磷和铜在浓度高达 $10^{18}cm^{-3}$ 时，才对太阳能电池的效率产生少量影响。

六、硅片的加工

硅片的加工，是通过采用硅锭表面整形、定向、切割、研磨、腐状、抛光、清洗等工艺，将其加工成具有一定直径、厚度、晶向和高度、表面平行度、平整度、光洁度，表面无缺陷、无崩边、无损伤层，高度完整、均匀、光洁的镜面硅片。

将硅棒按照技术要求切割成硅片，才能作为生产制造太阳能电池的基体材料。因此，硅片的切割，即通常所说的切片是整个硅片加工的重要工艺。切片就是将硅棒通过镶铸金刚砂磨料的刀片（或者钢丝）的高速旋转、接触、磨削作用，定向切割成为符合规格的硅片。切片工艺技术直接关系到硅片的质量和成品率。切片的方法目前主要有外圆切割、内圆切割、多线切割及激光切割。采用多线切割机切片是当前最为先进的切片方法。多线切割是用钢丝携带研磨微粒完成切割工作。即将100km左右的钢丝卷置于固定架上，经过滚动碳化硅磨料切割完成切片。此法具有切片质量高、速度快、产量大、成品率高、材料损耗少、可切割更大更薄的片（0.2mm）及成本低的优点，适宜于大规模自动化生产。典型的瑞士多线切割机的生产能力为可同时加工4组125mm×125mm×520mm的硅锭，用时约3.15h，可切片4160片，每片厚度2005年时候为325μm，2010年为180μm左右，比一般的内圆式切割机可节约硅材料1/4左右。

选用制造太阳能电池硅片的主要技术原则如下。

（一）导电类型

在两种导电类型的硅材料中，P型硅常用硼为掺杂元素，用以制造N^+/P型硅电池；N型硅用磷或者砷为掺杂元素，用以制造P^+/N型太阳能电池。这两种电池的各项性能参数大致相当。目前国内外大多采用P型硅材料。为了降低成本，两种材料均可以选用。

（二）电阻率

硅的电阻率与掺杂浓度有关。就太阳能电池制造而言，硅材料的电阻率的范围相当宽，$0.1 \sim 50\Omega \cdot cm$甚至更大范围均可采用。在一定范围内，太阳能电池的开路电压随着硅基体材料电阻率的下降而增加。在材料电阻率较低时，能得到较高的开路电压，而短路电流略低，但总的转换效率较高。所以，地面应用宜于使用$0.1 \sim 3.0\Omega \cdot cm$的硅材料。太低的电阻率，反而使开路电压降低，并导致填充因子下降。

（三）晶向、位错、寿命

太阳能电池较多选用（111）和（110）晶向生长的硅材料。对于单晶硅电池，一般要求无位错，和尽量高的少子寿命。

（四）几何尺寸

主要有 Φ50mm、Φ70mm、Φ100mm、Φ200mm 的圆片和 100mm×100mm、125mm×125mm、156mm×156mm 的方片。硅片的厚度目前已经由原来的 300～450μm 降低到最近的 150～200μm。

第二节　晶体硅太阳能电池的制造

制造晶体硅太阳能电池（单体片）按照先后制造工序一般包括硅片检测分选、硅片的表面处理、扩散制结、刻蚀周边、去磷硅玻璃、蒸镀减反射膜、印刷电极和太阳能电池分类筛选等 8 道工序。太阳能电池和其他半导体器件的主要区别，是需要一个大面积的 PN 浅结实现光电转换。电极用来收集从太阳能电池内部到达正负极表面的载流子进而向外部负载输出电能。减反射膜的作用是使电池外表"更黑"以吸收更多的太阳光能使输出功率进一步提高。为使太阳能电池成为可以使用的器件，在电池的制造工艺中还包括去除背结和腐蚀周边两个辅助工序。一般来说，PN 结特性是影响太阳能电池转换效率的决定因素，电极除影响太阳能电池的电性能外还关乎太阳能电池的可靠性和寿命长短。

一、硅片的选择

硅片是制造晶体硅太阳能电池的基体材料，它可以由纯度很高的硅棒、硅锭或者硅带切割而成。硅材料的性质很大程度上决定太阳能电池的性能。选择碎片时，要考虑硅材料的导电类型、电阻率、晶向、位错、寿命等。硅片通常加工成方形、长方形、圆形或者半圆形，厚度为 180～200μm。

二、硅片的表面处理

切好的硅片，表面脏且不平，因此在制造太阳能电池之前要先进行硅片的表面准备，包括硅片的化学清洗和硅片的表面腐蚀。化学清洗是为了除去玷污在硅片上面的各种杂质。表面腐蚀是为了除去硅片表面的切割损伤，获得适合制结要求的硅表面。制结前硅片表面的性能和状态直接影响结的特性，从而影响成品太阳能电池的性能，因此硅片的表面准备十分重要，是太阳能电池制造生产工艺流程的重要工序。

（一）硅片的化学清洗

由硅棒、硅锭或者硅带所切割的硅片表面可能玷污的杂质可归纳为 3 类：油脂、松香、蜡等有机物质；金属、金属离子及各种无机化合物；尘埃及其他可溶性物质。通过一些化学清洗剂可以达到去污的目的。常用的化学清洗剂有高纯水、有机溶剂、浓酸、强碱及高纯中性洗涤剂等。

（二）硅片的表面腐蚀

硅片经化学清洗去污后，接着要进行表面腐蚀。这是因为机械切片后在硅片表面留有平均$30 \sim 50 \mu m$厚的损伤层，需要在腐蚀液中腐蚀掉。

通常使用的腐蚀液有酸性腐蚀液和碱性腐蚀液两类。硝酸和氢氟酸的混合液可以起到良好的腐蚀作用。通过调整硝酸和氢氟酸的比例及溶液的温度可控制腐蚀的速度。在腐蚀液中加入乙酸做缓冲剂可使硅片表面光亮。碱性腐蚀液一般用氢氧化钠、氢氧化钾等碱的溶液起作用，生成硅酸盐并放出氢气。碱性腐蚀液虽然没有酸性腐蚀液腐蚀出来的硅片光亮平整，但所制的成品电池的性能却是相同的。近年来国内外的生产实践表明，与酸腐蚀相比，碱腐蚀具有成本低和环境污染小的优点。

单晶硅腐蚀液的配制及腐蚀工艺跟多晶硅腐蚀液的配制与工艺有所不同。多晶硅直接用九槽清洗机清洗，如表4-1所示。

表4-1　九槽清洗机清洗多晶硅的方法

槽编号	溶液组成	作用
1	300g/L NaOH溶液，80℃	清除表面油污，去除机械损伤层
2	纯水	清洗硅片表面残留 NaOH 溶液
3	纯水	
4	纯水	
5	40g/L HF溶液	清除硅片表面残留的 Na_2SiO_3 和 SiO_2 层
6	纯水	清洗硅片表面残留 HF 溶液
7	65g/L HCl溶液	清除硅片表面金属杂质
8	纯水	清洗硅片表面残留 HCl 溶液
9	纯水喷淋	充分洁净硅片表面

注：纯水是指电阻率为$18M\Omega \cdot cm$的去离子水。

单晶硅要先进行超声波清洗，然后用九槽清洗机清洗，其过程及溶液的配制如表4-2所示。单晶硅片的表面油污比较严重时，需在60℃清洗剂的水溶液中，利用超声波振荡清洗15min。

表4-2　九槽清洗机清洗单晶硅的方法

槽编号	溶液组成	作用
1	100g/L NaOH 溶液，80℃	清除表面油污，去除机械损伤层
2	纯水	消洗硅片表面残留 NaOH 溶液
3	20g/L NaOH 和酒精混合溶液，80℃	在硅片表面形成类"金字塔状"绒面
4	纯水	清洗硅片表面泥留绒液
5	40g/L HF 溶液	清除硅片表面残留的 Na_2SiO_3 和 SiO_2 层
6	纯水	清洗硅片表面残留 HF 溶液
7	65g/L HCl溶液	清除硅片表面金属杂质
8	纯水	清洗硅片表面残留 HCl 溶液
9	纯水	充分洁净硅片表面

第3槽的作用是在硅片表面形成金字塔结构的绒面结构，减少太阳能电池的表面反射率。即利用氢氧化钠溶液、乙二胺和磷苯二酚水溶液、乙醇氨水溶液等化学腐蚀剂对电池表面进行绒面处理。如果以（100）面作为电池的表面，经过这些腐蚀液的处理后，电池表面会出现（111）面形成正方锥。这些正方锥像丛山一样密布于电池的表面，肉眼看像丝绒一样，因此称为绒面。

电池经过绒面处理后，增加了入射光投射到电池表面的机会，第一次没有被吸收的光被折射后投射到电池表面的另一晶面上时仍然可能被吸收。这样可使入射光的反射率较少到10%以内，进而提高了太阳能电池的光生电流与转换效率。如果再镀上一层减反射膜，反射率还可以进一步降低。九槽清洗机一般的工艺过程与工艺条件如表4-3所示。

表4-3　单晶硅和多晶硅九槽清洗机的工艺工程和工艺条件

槽编号	1	2	3	4	5	6	7	8	9
多晶硅	6	5	1	5	5	3	8	3	8
单晶桂	5	1	25	5	5	3	8	3	8

注：单晶硅制绒过程中，3号槽须用盖子密封，减少乙醇的挥发。

九槽清洗机槽内清洗液的酸和碱的浓度都要测定，使用滴定管测定其浓度。滴定管是滴定时准确测量溶液体积的容器，分酸式和碱式两种。酸式滴定管的下部带有磨口玻璃活塞，用于装酸性、氧化性、稀盐类溶液；碱式滴定管的下端用橡皮管连接一个带尖嘴的小玻璃管，橡皮管内有一玻璃球，以控制溶液的流出速度。

氢氧化钠碱溶液浓度的测定方法如下：

$$NaOH+HCl=NaCl+H_2O$$

$$40 : 36.5$$

$$M_{NaOH}V_{NaOH} : M_{HCl}V_{HCl}$$

可得　$\dfrac{40}{36.5}=\dfrac{M_{NaOH}V_{NaOH}}{M_{HCl}V_{HCl}}$

式中，M_{HCl}已知，$V_{NaOH}=10mL$，通过测量可知V_{HCl}，则未知的NaOH溶液浓度M_{NaOH}可以由计算得到。

$$M_{NaOH}=0.11M_{HCl}\cdot V_{HCl}（g/L）$$

盐酸清洗液浓度的检测方法如下：

$$NaOH+HCl=NaCl+H_2O$$

$$40 : 36.5$$

$$M_{NaOH}V_{NaOH} : M_{HCl}V_{HCl}$$

可得　$\dfrac{40}{36.5}=\dfrac{M_{NaOH}V_{NaOH}}{M_{HCl}V_{HCl}}$

式中，M_{NaOH}已知为80g/L，$V_{HCl}=10mL$，通过测量可知V_{NaOH}，则未知的HCl溶液浓度M_{HCl}可以由计算得到。

$$M_{HCl}=7.3V_{NaOH}（g/L）$$

氢氟酸清洗液浓度的检测方法如下：

$$NaOH+HF=NaF+H_2O$$

$$40 : 20$$

$$M_{NaOH}V_{NaOH} : M_{HF}V_{HF}$$

可得　$\dfrac{40}{36.5}=\dfrac{M_{NaOH}V_{NaOH}}{M_{HF}V_{HF}}$

式中，$M_{NaOH}=80g/L$，$V_{HF}=10mL$，V_{NaOH}通过测量可知，则未知的氢氟酸溶液浓度可以由计算得到。

$$M_{HF}=4\times V_{NaOH}（g/L）$$

表4-4为九槽内溶液的组成及更换要求。

表4-4　清洗液的组成和更换

清洗液的组成	1号槽氢氧化钠（NaOH）	5号槽氢氟	7号槽盐酸（HCl）	去除磷硅玻璃氢氟酸（HF）
标准浓度	300g/L	40g/L	65g/L	21g/L
允许范围	280～330g/L	30～45g/L	55～70g/L	15～25g/L
检测周期	8h	8h	8h	8h

清洗液的组成	1号槽氢氧化钠（NaOH）	5号槽氢氟	7号槽盐酸（HCl）	去除磷硅玻璃氢氟酸（HF）
更换频率	每清洗15000片硅片，更换3—4；整体更换；每周一次	每清洗30000片硅片，溶液整体更换	每清洗30000片硅片，溶液整体更换	每清洗30000片硅片，溶液整体更换

三、扩 散 制 结

PN结是晶体硅太阳能电池的核心部分。没有PN结，便不能产生光电流，也就不能称其为太阳能电池。因此，PN结的制造是主要的工序。制结过程就是在一块基体材料上生成导电类型不同的扩散层，扩散的方法有多种：热扩散法、离子注入法、外延法、激光法和高频电注入法等。实际生产多采用热扩散法制结此法又有涂布源扩散、液态源扩散和固态源扩散法之分。目前国内生产企业多采用液态源扩散法制结。

液态源扩散磷扩散通常有3种方法：

1.三氯氧磷（POCl₃）液态源扩散。

2.喷涂磷酸水溶液后链式扩散。

3.丝网印刷磷浆料后链式扩散。

下面重点介绍大多数公司采用的第一种方法：三氯氧磷（$POCl_3$）液态源扩散法。$POCl_3$液态源扩散方法具有生产效率较高，得到PN结均匀、平整和扩散层表面良好等优点，这对于制作具有大面积结的太阳能电池是非常重要的。

$POCl_3$是目前磷扩散用得较多的一种杂质源，它有以下特点：

1.无色透明液体，具有刺激性气味。如果纯度不高则呈红黄色。

2.相对密度为1.67，熔点为2℃，沸点为107℃，在潮湿空气中发烟。

3.$POCl_3$很容易发生水解，极易挥发。

$POCl_3$的扩散原理如下：

$$4POCl_3 + O_2 \rightarrow 2P_2O_5 + 6Cl_2$$

首先，$POCl_3$在高温下（>600℃）分解生成五氯化磷（PCl_5）和五氧化二磷（P_2O_5），其反应式如下：

$$5POCl_3 \xrightarrow{>600℃} 3PCl_5 + P_2O_5$$

然后，生成的P_2O_5在扩散温度下与硅反应，生成二氧化硅（SiO_2）和磷原子，其反应式如下：

$2P_2O_5+5Si=5SiO_2+4P$

由上面的反应式可以看出，$POCl_3$热分解时，如果没有外来的氧气（O_2）参与其分解是不充分的，生成的PCl_5是不易分解的，并且对硅有腐蚀作用，破坏硅片的表面状态。但在有外来O_2存在的情况下，PCl_5会进一步分解成P_2O_5并放出氯气（Cl_2）。

$$4PCl_5+5O_2 \xrightarrow{\text{过量}O_2} 2P_2O_5+10Cl_2\uparrow$$

生成的P_2O_5又进一步与硅作用，生成SiO_2和磷原子。由此可见，在磷扩散时，为了促使$POCl_3$充分地分解和避免PCl_5对硅片表面的腐蚀作用，必须在通氮气的同时通入一定流量的氧气。

在有氧气的存在时，$POCl_3$热分解的反应式如下：

$$4POCl_3+O_2 \rightarrow 2P_2O_5+6Cl_2\uparrow$$

$POCl_3$分解产生的P_2O_5沉积在硅片表面力，P_2O_5与硅反应生成SiO_2和磷原子，并在硅片表面形成一层磷—硅玻璃，然后磷原子再向硅中进行扩散。

（一）清洗

1.初次扩散前，扩散炉石英管首先连接TCA装置，当炉温升至设定温度，以设定流量通TCA60分钟清洗石英管。

2.清洗开始时，先开O_2，再开TCA；清洗结束后，先关TCA，再关O_2。

3.清洗结束后，将石英管连接扩散源瓶，待扩散。

（二）饱和

1.每班生产前，须对石英管进行饱和。

2.炉温升至设定温度时，以设定流量通小N_2（携源）和O_2，使石英管饱和，20分钟后，关闭小N_2和O_2。

3.初次扩散前或停产一段时间以后恢复生产时，需使石英管在950℃通源饱和1h以上。

（三）装片

1.戴好防护口罩和干净的塑料手套，将清洗甩干的硅片从传递窗口取出，放在洁净台上。

2.用teflon（特富龙）夹子依次将硅片从硅片盒中取出，插入石英舟。

（四）送片

用舟叉将装满硅片的石英舟放在碳化硅臂浆上，保证平稳，缓缓推入扩散炉。

（五）回温

打开O_2，等待石英管升温至设定温度。

（六）扩散

打开小 N_2，以设定流量通小 N_2（携源）进行扩散。

（七）关源、退舟

1.扩散结束后，关闭小 N_2 和 O_2，将石英舟缓缓退至炉口，降温以后，用舟叉从臂桨上取下石英舟。立即放上新的石英舟，进行下一轮扩散。

2.如没有待扩散的硅片，将臂桨推入扩散炉，尽量缩短臂桨暴露在空气中的时间。

三氯氧磷（$POCl_3$）液态源扩散的工艺条件如下。

（1）TCA 清洗：炉温 950℃；（2）时间 30min；（3）小 N_2 0.3L/min；（4）O_2 10L/min。

3.饱和：（1）炉温 900℃；（2）时间 30min；（3）大 N2 18L/min；（4）小 N2 2L/min；⑤O_2 2.5L/min。

磷扩散：表4-5、表4-6描述了磷扩散工艺条件。

表 4-5　磷扩散的工艺温度条件

	STP103E	STP125E
炉温	875℃	882℃
源温	20℃	20℃

表 4-6　磷扩散的其他工艺条件

操作状态	进炉	回温		磷扩散			出炉
STP103E	3min	20min		40min			3min
STP125E	3min	25min		40min			3min
流量/ (L·min⁻¹)	大 N_2	大 N_2、O_2		大 N_2、O_2、小 N_2			大 N_2
STP103E	18	18	2.5	18	2.5	1.8	25
STP125E	18	18	2.5	18	2.5	1.8	25

在太阳能电池扩散工艺中，扩散层薄层电阻是反映扩散层质量是否符合设计要求的重要工艺指标之一。对应于一对确定数值的结深和薄层电阻，扩散层的杂质分布是确定的。扩散层的薄层电阻也称方块电阻，即表面为正方形的半导体薄层在电流方向（电流方向平行于正方形的边）所呈现的电阻。目前生产中，测量扩散层薄层电阻广泛采用四探针法。图中直线陈列四根金属探针（一般用铝丝腐蚀而成，排列在彼此相距为 S 的直线上，并且要求探针同时与样品表面接触良好，外面一对探针用来通电流，当有电流注入时，样品内部各点将产生电位，里面一对探针用来测量 2、3 点间的电位差。

四、腐蚀周边

在扩散过程中，硅片的周边表面也有扩散层形成，如果不去除，周围这些扩散层会使电池上下电极形成短路环，因此必须将其除去。周边上存在任何微小白勺局部短路都会使电池并联电阻下降，使电池成为废品。去边的方法主要有腐蚀法、挤压法及等离子刻蚀法。目前企业生产大多数采用等离子体刻蚀法。等离子体刻蚀法是采用高频辉光放电反应，使反应气体激活成活性粒子，如原子或游离基，这些活性粒子扩散到需刻蚀的部位，在那里与被刻蚀材料进行反应，形成挥发性反应物而被去除这种腐蚀方法也称为干法腐蚀。等离子体刻蚀的反应过程如下。

首先，母体分子 CF_4 在高能量的电子的碰撞作用下分解成多种中性基团或离子。

$$CF_4 \xrightarrow{e} CF_4、CF_2、CF、F、C\ 及它们的离子$$

其次，这些活性粒子由于扩散或者本电场作用下到达 SiO_2 表面，庄在表面上发生化学反应。

生产过程中，在 CF_4 中掺入 O_2，这样有利于提高 Si 和 SiO_2 的刻蚀速率。

等离子体刻蚀的工艺过程如下：

1.装片：在待刻蚀硅片的两边，分别放置一片与硅片同样大小的玻璃夹板，叠放整齐，用夹具夹紧，确保待刻蚀的硅片中间没有大的缝隙，将夹具平稳放入反应室的支架上，关好反应室的盖子。

2.工艺参数设置：等离子体刻蚀的工艺参数设置如表4-7所示。

表4-7　等离子体刻蚀的工艺参数设置

负载容量	工作气体流量 seem			气压/Pa	辉光功率/W	反射功率/W
片	CF_4	O_2	N_2			
200	184	16	200	120	650～750	0
工作阶段时间分钟					辉光颜色	
预抽	主抽	充气	辉光	充气	腔体内呈乳白色，腔壁处呈淡紫色	
0.2～0.4	2.5～1	9	10～14	2		

检验等离子体刻蚀的方法是冷热探针法。冷热探针法检验导电类型的原理和方法，热探针和N型半导体接触时，传导电子将流向温度较低的区域，使得热探针处电子缺少，因而其电势相对于同一材料上的室温触点而言将是正的。同样道理，P型半导体热探针触点相对于室温触点而言将是负的。此电势差可以用简单的微伏表测量。热探针的结构可以是将小的热线圈绕在一个探针的周围，也可以

用小型的电烙铁。

1.确认万用表工作正常，量程置于200mV。

2.冷探针连接电压仪的正电极，热探针与电压表的负极相连。

3.用冷、热探针接触叶片一个边沿不相连的两个点，电压表显示这两点间的电压为负值。说明导电类型为P，刻蚀合格。相同的方法检测另外3个边沿的导电类型是否为P型。

4.如果经过检验，任何一个边沿都没有刻蚀合格，则这一批硅片需要重新装片，进行刻蚀。

五、去除背结

在扩散过程中，硅片的背面和侧面也形成了PN结，所以在制作电极之前，需要去除背结。

去除背结的常用方法主要有化学腐蚀法、磨片法和蒸铝或丝网印刷铝浆烧结法等。现在企业大多数都采用适合大规模自动化生产的丝网印刷铝浆烧结法。该法仅适用于N^+P型硅电池制造工艺。

该方法是在扩散硅片背面真空蒸镀或丝网印刷一层铝，加热或烧结到铝-硅共熔点（577℃）以上烧结合金。经过合金化以后，随着降温，液相中的硅将重新凝固出来，形成含有一定量的铝的再结晶层。实际上是一个对硅掺杂的过程。它补偿了背面N^+层中的施主杂质，得到以铝掺杂的P型层，由硅-铝二元相图可知随着合金温度的上升，液相中镓的比率增加在足够的铝量和合金温度下，背面甚至能形成与前结方向相同的电场，称为背面场，目前该工艺已被用于大批量的生产工艺。从而提高了电池的开路电压和短路电流，并减小了电极的接触电阻。

背结能否烧穿与下列因素有关：基体材料的电阻率、背面扩散层的掺杂浓度和厚度、背面蒸镀或印刷铝层的厚度、烧结的温度、时间和气氛等因素。

六、制作上、下电极

为输出电池转换所获得的电能，必须在电池上制作正负两个电极。电极就是与电池PN结形成紧密欧姆接触的导电材料。通常对电极的要求有：1.接触电阻小；2.收集效率高；3.能与硅形成牢固的接触；4.稳定性好；5.易于引线，可焊性强；6.污染小。制作方法主要有真空蒸镀法、化学镀银法、银铝浆印刷烧结法等。所用金属材料主要有铝、钛、银、镍等。习惯上，把制作在太阳能电池光照面的电极称为上电极，把制作在电池背面的电极称为下电极或者背电极。上电极通常制成窄的栅状线，这有利于对光生电流的收集，并使电池有较大的受光面积。下电极则布满全部或者绝大部分电池的背面，以减小电池的串联电阻。N^+P型硅电池上电极是负极，下电极是正极；P⁺N型太阳能电池上电极是正极，下电极是负极。

铝浆印刷烧结法是目前晶体硅太阳能电池商品化生产大量采用的方法。真空蒸镀是过去常用工艺，其工艺为：把硅片置于真空镀机的钟罩内，当抽到足够高的真空度时，便凝结成一层铝薄膜，其厚度控制在30~100nm；然后，再在铝薄膜上蒸镀一层银，其厚度为2~5μm；为便于电池的组合装配，电极上还需钎焊一层锡-铝-银合金焊料；此外，为得到栅线状的上电极，在蒸镀铝和银时，硅表面需放置一定形状的金属掩模。上电极栅线密度一般为2~4条/cm，多的可达10~19条/cm，最多可达60条/cm。

用丝网印刷技术制作上电极，既可以降低成本，又便于自动化连续生产。丝网印刷是用涤纶薄膜等制成所需电极图形的掩模，贴在丝网上，然后套在硅片上，用银浆、铝浆印刷出所需电极的图形，经过在真空和保护气氛中烧结，形成牢固的接触电极。

金属电极与硅基体粘接的牢固程度，是显示太阳能电池性能的主要参数指标。电极脱落往往是太阳能电池失效的重要原因，在电极的制作上应十分注意粘接的牢固性。

七、蒸镀减反射膜

光在硅表面的反射率高达35%。为减少硅表面对光的反射，可采用真空镀膜法、气相生长法或者其他化学方法在已经制好的电池正面蒸镀上一层或者多层二氧化钛或者二氧化硅或者五氧化二铝或者氮化硅减反射膜。镀减反射膜的作用有两个：1.具有减少光反射的作用；2.对电池表面还可以起到钝化和保护作用。减反膜具有卓越的抗氧化和绝缘性能，同时具有良好的阻挡钠离子、掩蔽金属和水蒸气扩散的能力。它的化学稳定性也很好，除能被氢氟酸和热磷酸缓慢腐蚀外，其他酸与它基本不发生反应。对减反射膜的要求是，膜对反射光波长范围内的吸收率要小，膜的物理和化学稳定性要好，膜层与硅能形成牢固的黏结，膜对潮湿空气及酸碱气氛有一定的抵抗能力，并且制作工艺简单、价格低廉。它可以提高太阳能电池的光能利用率，增加电池的电能输出。现代大多数公司均采用等离子体化学气相沉积（PECVD）方法镀氮化硅减反射膜。PECVD的全称是microwave remote plasma enhance chemical vapour deposition，即微波间接等离子增强化学气相沉积。通常在太阳能电池表面沉积深蓝色减反膜——氮化硅膜。

镀减反射膜的作用首先是减少光的反射，它的原理是光照在膜前表面的反射光能与照射在膜后表面的光在一定条件下可以发生干涉叠加进而削弱两部分反射光。

PECVD工作过程：把一定比例的硅烷（SiH_4）和氨气（NH_3）的混合气体充入

PECVD反应室。它们在一定条件下发生反应：

$$3SiH_4 \xrightarrow{\text{等离子体}} SiH_3^- + SiH_2^{2-} + SiH^{3-} + 6H^+$$

$$2NH_3 \xrightarrow[350℃]{\text{等离子体}} NH_2^- + NH^{2-} + 3H^+$$

反应生成的等离子体组分遇到硅片就会在其表面沉积一层氮化硅薄膜。总的反应可以归结为

$$3SiH_4 + 4NH_3 \xrightarrow[350℃]{\text{等离子体}} Si_3N_4 + 12H_2$$

生产过程中所用到的无水氨气是一种刺激性、无色、可燃的储存于钢瓶的液化压缩气体。其存储压力为其蒸气压14psig（70℃，约为21.1℃）。氨气会严重灼伤眼、皮肤及呼吸道。当它在空气中的浓度超过15%时有立即造成火灾及爆炸的危险，因此进入这样的区域前必须排空。进入浓度超过暴露极限的区域要佩戴自给式呼吸器。大规模泄漏时需要全身防护服，并应随时意识到潜在的火灾和爆炸危险。暴露在氨气中会对眼睛造成中度到重度的刺激。氨气强烈地刺激鼻子、喉咙和肺。症状包括灼伤感、咳嗽、喘息加重、气短、头痛及恶心。过度暴露会影响中枢神经系统并会造成痉挛和失去知觉。上呼吸道易受伤害并导致气管炎。声带在高浓度下特别容易受到腐蚀，下呼吸道伤害会造成水肿和出血，暴露在5000ppm下5min会造成死亡。

生产过程中所用到的硅烷是一种无色、与空气反应并会引起窒息的气体。该气体通常与空气接触会引起燃烧并放出很浓的白色无定形二氧化硅烟雾。它对健康的首要危害是它自燃的火焰会引起严重的热灼伤。如果严重甚至会致命。如果火焰或高温作用在硅烷钢瓶的某一部分会使钢瓶在安全阀启动之前爆炸，如果泄放硅烷时压力过高或速度过快，会引起滞后性的爆炸。泄漏的硅烷如没有自燃会非常危险，不要靠近，不要试图在切断气源之前灭火。

硅烷会刺激眼睛、皮肤，硅烷分解产生的无定型二氧化硅颗粒会引起眼睛、皮肤刺激。吸入高浓度的硅烷会引起头痛、恶心、头晕并刺激上呼吸道。硅烷会刺激呼吸系统及黏膜，过度吸入硅烷会引起肺炎和肾病。

八、检验测试

经过上述工艺制得的电池，在作为成品电池入库之前，需要进行测试，以检验其质量是否合格。在生产中主要测试的是电池的伏安特性曲线，曲线上可以读出电池的短路电流、开路电压、最大输出功率及串联电阻等电池参数。现在工厂一般都有自动化的测试分检系统。

第三节 太阳能电池组件的封装

单体太阳能电池的输出电压、电流和功率都很小，一般来说，输出电压只有0.5V左右，输出功率只有1～2W，不能满足作为电源应用的要求。为提高输出功率，需将多个单体太阳能电池片合理地联结起来，并封装成组件。在需要更大功率的场合，则需要将多个组件连接成为方阵，以向负载提供数值更大的电流、电压输出。

为保证组件在室外条件下使用20～25年，必须要具有良好的封装，以满足使用中对防风、防尘、防潮、防腐蚀等条件的要求。研究表明，电池的失效，问题往往出在组件的封装上，如由于封装材料与电池分离，使光接触变坏，因而电池效率下降；由于封装不好，造成组件进入湿气；由于连接单体电池之间的导电带焊接工艺不当，造成焊接不牢或者助焊剂变色等。所以组件封装是整个太阳能电池生产工艺的重要工艺，其成本约占总成本的1/3左右。对地面用晶体硅太阳能电池组件的一般要求为：1.工作寿命长，应在20～25年以上；2.良好的封装和电绝缘性能；3.足够的机械强度，能经受运输和使用中发生的振动、冲击和热应力；4.紫外线辐照下稳定性好；5.因组合引起的效率损失小；6.可靠性高，单体电池及互连条失效率小；7.封装成本低。

一、组件中单体电池的连接方式

将单体电池连接起来的方式包括串联和并联，以及同时采用的串并混合连接方式。

二、组件的封装结构

常见的封装结构有玻璃壳体式、底盒式、平板式、全胶密封式等多种。实际的太阳能电池组件，一般还要装上边框线和接线盒等。目前企业实际多采用平板式太阳能电池组件封装。

三、组件封装材料

太阳能电池组件工作寿命的长短，与封装材料和封装工艺有很大的关系。封装材料的寿命是决定组件寿命的重要因素。

（一）上盖板

上盖板覆盖在电池的正面，构成组件的最外层，它既要求透光率高，又要坚固、耐风霜雨雪、能经受得住沙砾冰雹的撞击，起到长期保护电池的作用。目前在商品化生产中，低铁钢化白玻璃是普遍使用的上盖板材料。

（二）黏结剂

黏结剂是固定电池和保证上下盖板密合的关键材料。对它的要求有：1.在可见光范围内具有高透光性，并抗紫外线老化；2.具有一定的弹性，可以缓冲不同材料间的热胀冷缩；3.具有良好的电绝缘性能和化学稳定性，不产生有害电池的气体和液体；4.具有优良的气密性，能阻止外界湿气和其他有害气体对电池的侵蚀；5.适用于自动化的组件封装。主要有室温固化硅橡胶、聚氟乙烯（PVF）、聚乙烯醇缩丁醛（PVB）、乙烯聚乙酸乙烯酯（EVA）。目前企业生产大多使用EVA。

（三）下底板

下底板对电池既具有保护作用又有支撑作用。对下底板的一般要求1.具有良好的耐气候性能，能隔绝从背面进来的潮气和其他有害气体；2.在层压温度下不起任何变形；3.与黏结剂结合牢固。一般所用材料为玻璃、铝合金、有机玻璃及PVF复合膜等。目前企业生产大多采用PVF、TPT复合膜。

（四）边框

平板式组件应有边框，以保护组件和便于组件与方阵支架的连接固定。边框与黏结剂构成对组件边缘的密封。边框材料主要有不锈钢、铝合金、橡胶及塑料等。

四、组件封装的工艺流程

不同结构的组件有不同的封装工艺。

平板式晶体硅太阳能电池组件的封装工艺流程包括4个主要的工艺过程：太阳能电池的焊接、太阳能电池串的排列、太阳能电池的层叠、太阳能电池的层压。当然也包括玻璃清洗、测试分类检验、装边框、接线盒等过程。

（一）太阳能电池片的焊接

太阳能电池片的焊接过程即为将单个电池片组成电池串的过程，焊接直接关系到电池的电性能的稳定，是组件制造一个重要的工艺过程。

焊接的工艺要求如下：

1.焊接温度为250～300℃。

2.焊点要求平滑、无毛刺。

3.焊接牢固、可靠，无漏焊、虚焊现象。

4.焊带要求和电池表面栅极重合。

焊接工艺既可以采用手工焊接又可以采用光焊机焊接。其中手工焊接的要注意的事项如下：

1.在进行手工焊接时，注意电池片的排列（整体排片后组件的美观）。

2.手工焊接时先焊接电池背面的栅线，待背面焊接完成后再进行电池串的排列焊接。

3.手工焊接在电池串完成后要检查焊接效果，防止正面焊好后背面出现虚焊现象。

4.光焊机焊接完成后要检查电池串是否有漏焊、虚焊问题。

5.出现虚焊现象将该电池串取出，由手工焊接人员进行补焊。

6.焊接过程中如出现焊锡明显少，可适量使用焊锡丝。

（二）太阳能电池串的排列

太阳能电池串的排列即为将电池串用汇流条连接起来以便于将来进行层叠的过程。

排列工艺的工艺要求如下：

1.对于手工焊接的电池串（小型组件的电池串），在移动过程中要注意移动可能带来的电池片的脱焊，拿起放下时最好将中间托住。

2.大组件的电池串在移动过程中尽量采用真空吸盘，倘若手边没有该型号的吸盘，在移动过程中要小心，注意轻拿轻放。

3.电池串与电池串之间的间距一般为2mm，最大不能超过3mm。

4.光焊机焊接的电池串一般一致性较好，在排列过程中要求电池片横向和纵向的间距在一条直线上。

5.手工焊接的电池串如果出现长短不一，则以电池串方向的中心为准，对电池串进行排列。

6.排列好进行汇流条的焊接时要求焊接牢固，汇流条与电池片的间距一致。

7.汇流条引出端的折弯要求采用折弯夹具进行。

排列工艺需要注意的事项如下：

1.对于手工焊接的电池串（小型组件的电池串），在能够将电池片凑成整片的情况下尽量将其凑成整片排列（这样做成的组件更美观）。

2.小型组件的电池串在排列完成后可按照实际情况用透明胶带对其进行固定。

3.在汇流条焊接完成后检查是否会有剪下的互连条留在电池片背部，如有这种现象及时清除。

4.如在层叠台上进行汇流条的焊接，在排列好电池串后应将真空吸盘压下后进行焊接。

（三） 太阳能电池的层叠

太阳能电池的层叠是将电池组和钢化玻璃、EVA、TPT叠在一起的过程。层叠过程将直接影响组件的外观质量，层叠后要做细致的检查。

层叠的工艺要求如下：

1.钢化玻璃置于层叠台的移动滑板上，要求位置摆放正确

2.在钢化玻璃上垫的EVA要求超过玻璃边缘至少5mm。

3.EVA在玻璃上要求铺垫平整，无明显褶皱。

4.在使用层叠台移动电池片至EVA上后，检查电池组是否在要求位置上（一般无汇流条的电池片距离玻璃边缘为10mm，有汇流条的边汇流条距离玻璃边缘为10mm）。

层叠要注意的事项如下：

1.在移动层叠台滑板的过程中注意启动和停止过程要动作轻缓，剧烈的加速或者撞击都可能造成钢化玻璃的位置的偏移。

2.钢化玻璃为进口玻璃时，放置玻璃时注意将玻璃的毛面对着EVA放置。

3.当钢化玻璃为国产平板玻璃，而组件面积又较大时注意将玻璃的凹面向上。

4.在层叠台的移动电池组的过程中注意不要碰真空按钮。

5.层叠完成后要检查这几层之间是否有杂质。

6.在贴透明胶带时注意，不要将透明胶带隔着玻璃纤维和EVA放置，这样会导致层压后出现胶带的印子。

7.如在层叠过程中需要用到焊接，一定注意要用环氧板隔着焊点和EVA。

（四） 电池的层压

太阳能电池的层压过程是将层叠件在145℃的温度下将EVA熔融后固化的过程。层压过程是组件生产过程中的特殊工艺过程，它对组件产品的质量起关键性的影响。

层压过程只能用层压机设备。层压机设备的操作过程如下：

1.开配电箱中层压机电源开关，检查控制面板上POWER灯亮。

2.开气阀，检查真空为0.5MPa。

3.旋控制柜正面上的主电源开关至ON位，在控制面板上旋MAIN POWER开关至ON位，此时MAIN POWER灯应亮。

4.按下HEATER ON按钮开关，点亮。

5.按下VACUUM ON按钮开关，其点亮，大约30分钟后层压机正常工作。

6.检查控制面板上触摸屏中HEATING-STAGE TEMP项，3个区域内当前（CUT-TENT）温度都达到预设值（PRESET）后（3个区都要达到）才可以正常

工作。

7.戴好隔热手套，在层压机加热台面上铺放好一层玻璃纤维纸，将S/D PIN ON按下，确认S/D针处于ON位置（如果不在ON位置，按READY，双手按下开始按钮将S/D针顶起），将叠好的组件平稳地放到玻璃纤维纸上，在组件上放好报纸，然后盖好另一张玻璃纤维纸。

8.选中控制面板上触摸屏中MODULE—SELECT项按下进入，选中规定的层压方式，返回主屏（选按SELECTMODE），若不改变层压方式，可省略该步骤。

9.选按ALARM进入警报界面，按下ALARMRESET，确认FAULT栏中清空，返回主屏。

10.按S/DPINON，ON条应亮显，然后按READY，再双手同时按下两个开始按钮（控制面板下端左右两个大的黑色按钮），升上S/D针，确认屏幕左上方READY指示灯是否点亮，双手按下两个开始按钮，至READY指示灯亮。过程中若有报警显示ALARM灯亮，清除警报后继续进行后续操作。

11.依次按亮AUTO和RUN/ON，确认ALARM指示灯不亮，并确认层压机周围警示区内无人，然后同时按下两个开始按钮，直至层压机完全关闭、真空泵启动工作、工作流程表显示出现后才可以松开双手。

12.层压过程中如无特殊情况不需要人工干预，层压结束后盖子会自动开启，然后戴好防护手套将压好的组件取出，放入新的组件。

13.关机操作，依次按VACUUM OFF、HEATER OFF，旋面板上MAIN POWER开关至OFF位，旋正面电源开关至OFF位，关压缩空气。

14.在操作过程中如听到异常声音（如金属撞击声），应立即按下主控制面板或者机器周围的红色紧急按钮，通知相关技术人员检查维修。

层压及设备工作过程有一定的危险性。2009年，国内一公司在层压过程中设备发生爆炸，造成人员伤亡事故。层压过程中的注意事项如下：

1.层压前注意检查层叠的质量，尤其注意是否在组件中混有杂质。

2.不得擅自修改层压机的动作参数。

3.在按下开始按钮前一定要确认在警示圈内没有人，避免事故发生。

4.层压的参数程序每天由工艺人员确认，现场人员若发现相同EVA不同程序产生，应及时找工艺人员确认。

5.在层压很多小组件的时候要求放置速度快一些，可以请上道工序或者下道工序的人员帮忙。

可将这些工艺流程概述为：组件的中间是通过金属导电带焊接在一起的单体电池，电池上下两侧均为EVA膜，最上面是低铁钢化白玻璃，背面是TPT复合膜。将各层材料按顺序叠好后，放入真空层压机内进行热压封装。最上面的玻璃为低铁钢化白玻璃，透光率高，而且经紫外线长期照射后也不会变色。EVA膜中加有抗紫外剂和固化剂，在热压处理过程中固化形成具有一定弹性的保护层，并保证电池与钢化玻璃紧密接触。TPT复合膜具有良好的耐光、防潮、防腐蚀性能。经层压后，再于四周加上密封条，装上经过阳极氧化的苗合金边框及接线盒，即成为成品组件。最后，要对成品组件进行检验测试，测试内容主要包括开路电压、短路电流、填充因子及最大输出功率等。

第四节　高效率晶体硅太阳能电池

目前，光伏市场快速增长，资金投入也日趋加大，光伏产业的前途已比较明朗，因此现在需要更多地注意太阳能电池制造的整体经济效益。众所周知，原材料占最终组件成本的70%以上。硅片加工成单体太阳能电池的成本占不到成品总成本的20%。这表明，如果成品电池的效率增加20%，电池的工艺成本即使成倍增加，太阳能电池的最终成本也会降低。而非一般意义上所认为的高效率必然会导致高成本。

本节介绍比丝网印刷硅太阳能电池效率更高的方法，首先，概括介绍实验室高效率太阳能电池的进展，突出说明每一代技术的进步。然后介绍克服某些限制的两个商业高效电池，以及其他可能有潜力的方法。

一、晶体硅太阳能电池制造技术的发展历史

现代晶体硅太阳能电池制造技术至今经历了60年的发展，成果颇丰。

20世纪50年代末迅速发展，短短几年效率由原来的4.6%提升到10%以上。随后的10年空间太阳能电池发展缓慢。关键特征包括 $10\Omega \cdot cm$ 的P型硅衬底使抗辐射性能最强，使用 $40\Omega \cdot cm$、$0.5\mu m$ 的深结磷扩散。在10多年的时间内，这些电池都是空间太阳能电池的标准，到今天仍运用于空间电池技术中，在空间辐照条件下能量转换效率为10%~11%，地面测试条件下高出10%~20%。

20世纪60年代末，铝背场技术被引入到晶体硅太阳能电池中，该技术使空间太阳能电池能量转换效率提高到12.4%。

由于 $0.5\mu m$ 深结磷扩散造成空间太阳能电池对波长小于500nm的太阳光响应较差。20世纪70年代末，用 $0.25\mu m$ 的浅结、方块电阻较高（掺杂浓度小）的结替代原来的深结，结果使得电池的死层厚度下降，增加了对短波长太阳光的响应。

但是，扩散层的扩散电阻增大，会增大太阳能电池的串联电阻，进而降低填充因子，所以需要利用光刻的工艺来画出比原来细得多的金属栅线来降低串联电阻。使用改善了的 TiO_2 和 Ta_2O_5 基减反射涂层，它们的吸收比 SiO 小，在太阳能电

池和空间电池中常用于在盖板玻璃之间提供较好的光学匹配。采用了零消光条件要求的减反射层的厚度，它们在较短波长会比传统涂层更有效，从而使电池呈现出特有的紫色外观，即"紫电池"。

这些紫电池的设计最后的变化是采用更低的 $20\Omega\cdot cm$ 的电阻率衬底。这意味着掺杂浓度更大，由式 $V_D = \dfrac{kT}{q}\ln\dfrac{n_{n0}}{n_{p0}} = \dfrac{kT}{q}\ln\dfrac{N_D N_A}{n_i^2}$ 知内建电势差增大，相应电池开路电压也增大。改善的开路电压（由于衬底电阻率的减小）、改善的输出电流（由于死层厚度的减小、反射率更低的减反射涂层和较薄的顶部覆盖）和改善的填充因子（由于电池电阻与顶接触电阻的较小和改善的开路电压）的结合使得同常规设计的空间电池相比，平均性能增加了30%。在空间辐照的条件下得到了13.5%的转换效率，地面效率接近16%。

紫电池取得该性能后不久，通过电池上表面的织构化方法使得电池的减反射效果进一步提高。绒面制备方法的原理是（110）表面衬底硅原子共价键强度低，故腐蚀速度快；（111）晶面硅原子共价键强度高，腐蚀速度慢，故各向异性的选择性腐蚀使得一定高度的（111）晶面暴露出来。相交的（111）晶面暴露出来形成小的尺寸无序的方基金字塔，无序地分布在电池表面。该绒面由于能高度俘获各种波长的太阳光，所以使得电池表面看起来呈现出黑的颜色，称为"黑电池"。该绒面结构对于电池性能有两个优点：1.照射在金字塔侧面上的光向下反射，因此至少多一次机会耦合到电池中；2.耦合进电池的光倾斜进入，导致光进入电池后的光程增加1.35倍；3.电池有可能高度地俘获光，这对地面用太阳能电池是个优点，能提高电池对长波长光的光谱响应。对于空间电池及聚光型太阳能电池来说可能是缺点，因为电池吸收了更多的长波长光，但这些长波长光不能发生本征吸收，激发不出电子空穴对，反而会增大电池的温度，降低电池的效率。

在AM0辐射下，这些黑电池得到15.5%的能量转换效率，相应于现行的地面标准测试条件下的（AM1.5，$1000W/cm^2$，25℃）约为17.2%的能量转换效率。

20世纪70年代中期的紫电池和黑电池保持的性能水平一直保持了近10年。第一个效率达到18%的晶体硅太阳能电池是MINP电池。该电池不同于以往电池电极直接与半导体发射极接触，而是在两者之间增加了一层很薄的氧化钝化层，该氧化层是绝缘体，所以称为MINP结构。该氧化钝化层能显著降低原本很高的有效复合速度。在电极的其他地方该氧化层稍厚，以更有效地钝化上表面。这个厚度的差别使得工艺过程复杂，但却是取得器件最佳性能所必需的。顶部接触金属化是Ti/Pd/Ag多层，用像钛这样的低功函数金属是这种方法的要点。为了使反射损失更小，使用了由薄氧化层近1/4波长的ZnS和MgF_2组成的双层减反射涂层。

钝化发射区太阳能电池（PESC）结构，除直接通过氧化层中的狭缝用于电接触外，它类似于MINP电池结构。这样，通过使接触面积最小化取得接触钝化，也使用了表面织构化以减少反射，将表面织构化和PESC法的优点结合起来，在1985年制成了第一块高于20%的非聚光型硅太阳能电池。该电池使用了用微槽而不用金字塔织构以取得相同的效果。

电池性能的下一个主要进展是在上面和背面应用表面和接触钝化方法。背面点接触太阳能电池，该电池实现了这个划时代的电池设计。由于电池的正负极接触均在电池的背面，设计将绝大部分精力放在上下表面的钝化质量和工艺过程后的载流子寿命上，为了取得这些范围内的设计目标，必须采用微电子技术尖端科技的所有工艺。

虽然其最初是为聚光太阳能电池开发的，但通过增加受光面的磷扩散，修改器件设计为一个太阳能电池使用，产生了第一块效率22%以上的晶体硅太阳能电池。

较早的PESC工序和类似双面钝化和氯基工艺过程的结合得到了改进的器件——PERL太阳能电池，即钝化发射结局部背扩散电池。20世纪末该电池效率达到了23%，是对仅仅7年前17%最高值的一个巨大改善。之后，PERL进一步的改进使它的效率接近25%。主要的改进包括为上表面的钝化生长、薄得多的氧化钝化层、准许直接应用双层减反射层来增加短路电流、对上面的氧化物和局部上接触点使用退火步骤增加开路电压、改善背面钝化和减少金属化电阻以改善填充因数。

二、丝网印刷工艺的局限

丝网印刷是成熟、简单、强有力、连续性强和适应性强的工艺过程，许多公司提供了全自动丝网印刷太阳能电池生产线。在前面所述的所有高效特征中，通常只有前表面的织构化和铝合金的背面场包括在第一代的丝网印刷太阳能电池中。这解释了为什么某些产业化晶体硅太阳能电池的效率长期停留在13%~15%。在过去10年内，主要是日本和欧洲的某些研究小组和公司为改善丝网印刷工艺所做的重大努力。主要进步包括新型的浆料的配方，新型细栅丝网的制造和现代印刷机的发明。

新型的银浆包含添加剂、SiO_2和TiO_x或SiN_x减反射膜，可以在烧结过程中选择性分解，防止过深渗透到体硅中。这就可能具有烧透钝化减反射涂层的十分简化的工艺。新浆料改进的可丝网印刷和新型金属丝网使得能够印刷窄到$50~60\mu m$，具有改善纵横比的栅线。因此，可以减少丝网印刷栅线的间距，导致具有改善短波响应的掺杂更轻的发射区。通过利用选择性发射区结构和浅的均匀发射区来解决未优化的表面钝化问题。

采用磷浆的选择性印刷的一步法选择性发射区工艺得到了中试线上10Ω·cm直拉单晶硅（100cm²）17.9%的效率和多晶硅电池（100cm²）16.8%的效率这些新的丝网印刷太阳能电池的高效特征如下：

1.与晶向无关的前表面各向同性织构化。

2.前表面总遮挡损失减小到6%。

3.具有最佳曲线的浅结和前表面钝化。

4.基于富氢SiN_x的热处理的有效体钝化

5.背面场。

在重掺杂区上面的前电极的平面图是由配有数字照相机的最新一代的丝网刷机自动完成的。台子和刮板的移动是由中央处理器控制的宜线电动机驱动的。

有报道提出了简化的、浅的均匀工艺保持了上述的许多先进特征。在200μm厚的多晶硅衬底上得到了独立确定的16.8%的效率。应用的工艺如表4-8所示。

表4-8　简化的浅结丝网印刷晶体硅制造工艺特征

步骤	工艺描述
1	锯痕腐蚀加一步法各向同性织构化
2	整个前去而上浅N^+扩散（7Ω·cm）
3	去除磷硅玻璃
4	去边分开结（等离子体刻蚀）
5	作为前减反射膜和富氢源的PECVD SiN_x
6	适当的前后电极印刷、烘干
7	两个电极的共烧结： 通过烧透SiN_x产生的高阻发射区形成低接触电阻的接触 SiN_x中释放的氢的表面和体钝化 产生无硅片弯曲的背表面钝化的铝背场

丝网印刷方法的主要缺点是工艺中用的金属浆料的成本较高和较低的电池效率。后者基本是由于用丝网印刷限制的可能线宽，浆料和硅之间较高的接触电阻是另一个局限。由于烧结时浆料厚度收缩的最后栅线外形（高/宽）比低是同烧结浆料的低电导率（纯银的1/3）混在一起的另一个问题。有几个不用银的丝网印刷浆料的可行性研究，研究过镍和铜而未获成功。为了减小线宽，可以用特别细的丝网。然而，这样的丝网用于商业生产容易损坏，尽管其产生的效果往往很好。

浆料和硅之间的接触电阻可能是精密烧结环境和温度的敏感函数，玻璃料沿着丝印浆料和硅表面之间的界面形成一个氧化物。这就促成高的接触电阻，虽然常常在浆料里加磷以减小同N件材料的接触电阻。

背表面的接触电阻通常问题不大。即使接触是由较轻掺杂的材料组成，也能得到大得多的接触面积。此外，加进银浆中的铝或利用铝浆母体可以通过合金增加表面区的掺杂水平。在适当烧结条件下，通过利用这样的铝可以得到"背面场"的效果。

丝网印刷典型性能：开路电压取决于衬底电阻率，其典型值为 $580\sim620mV$，短路电流密度为 $28\sim32mA/cm^2$，填充因子为 $70\%\sim80\%$，丝网印刷一般遮挡大面积电池上表面的 $10\%\sim15\%$，栅线一般由 $150\sim200\mu m$ 宽（2010国内主流企业可做到 $90\sim95\mu m$），间隔 $2\sim3mm$ 的金属栅线组成。母线和栅线结构的设计可以有效增加载流子收集率，并且可以增大本来较小的浆料的电导率，又可以改善电池容忍裂纹的坏影响。对于大面积的电池，必须增加互联的主栅数。

为了保持合理的接触电阻，上表面扩散要求很低的方块电阻。由于沿着表面的死层，常规的 $40\Omega\cdot cm$ 的方块电阻导致电池蓝光响应的较大损失。较高的方块电阻在牺牲电池填充因子的情况下会改善蓝光响应。重扩散也限制电池的开路电压输出。由于这种限制，氧化物表面钝化不是很有益于改善性能。也由于这种限制，使用质量改善的衬底，如区熔硅也不能在实质上改善性能。

三、基于电极金属化的改进技术

（一）刻槽埋栅电池（BCSC）

刻槽埋栅太阳能电池工艺是新南威尔士大学开发的。在小面积区熔材料上报告了21.3%的实验室效率。商业化的BCSC工艺步骤如表4-9所示。

该工艺最显著的特征在于上表面利用槽形成电池的金属化。虽然最初研究了利用丝网印刷金属化步骤（在印刷操作中将金属压入槽中），最成功的设计利用了化学镀金属栅线。

某些电池工艺步骤类似于先前所述的丝网印刷步骤，去除切割损伤和织构化后，表面轻扩散和生长氧化物覆盖整个表面，氧化物在电池工艺中起多重作用，是工艺相对简化的关键。注意不需要像丝网印刷方法那样去除扩散氧化物。然后利用激光划线机、机械切割锯或其他机械或者化学方法在电池上开槽。

表4-9　刻槽埋栅太阳能电池制造工艺过程

步骤	工艺描述
1	锯痕腐蚀加无序织构化
2	整个前表面上浅 N^+ 扩散
3	生长厚的氧化层
4	机械或者激光刻槽形成
5	槽腐蚀和清洗
6	只在开槽处的第二次重扩散

续表

步骤	工艺描述
7	在背面上蒸镀铝
8	高温铝合金
9	化学镀银，烧结和腐蚀
10	化学镀铜和银
11	激光去边

用化学腐蚀清洗槽后，对槽进行第二次扩散，比第一次重要得多，这在接触面上形成了选择性掺杂。然后利用蒸发、丝网印刷等方法在背表面沉积铝。在烧结铝和腐蚀掉氧化物后，化学镀银、铜和银层完成电池金属化。

工艺中一个改进是利用 Si_3N_4 代替氧化物。这一层能耐受高温步骤，同时在最后的电池中产生较好的减反射性能。BPsolar 报告这种方法的良好性能，康斯坦斯大学利用该方法在大面积多晶硅衬底获得了 17.5% 的效率。

1.BCSC 电池性能分析

埋栅太阳能电池结构包含了先前所述的实验室高效电池几乎所有的特征：浅发射区扩散，厚的热氧化做得很好的表面钝化，很细的金属化线宽，接触区重扩散的前接触钝化和背面场。一个重要工艺步骤是在顶部生长很厚的热氧化层，同时作为扩散掩膜、化学掩镀膜和表面钝化层。

当然，在考虑商业应用时这个工艺具有它的缺点：大量的过长的高温（950℃以上的总时间长达 16h）工艺步骤、昂贵的设备、许多细致的预清洗步骤使得工艺复杂且劳动力密集。虽然埋栅电池工艺已经授权给许多主要的电池生产商，但是只有一家通过简化许多工艺步骤将它成功引入到大规模生产中。在直拉硅上得到了接近 17% 的效率。在低质量的多晶硅片上应用实验室规模的埋栅工艺，在 $144cm^2$ 和 $25cm^2$ 上分别得到 17.6% 和 17.9% 的高效率。

埋栅电池取得了超过丝网印刷电池的重大性能优势，测试表明该电池较丝网印刷电池有 30% 的性能优势，虽然在丝网印刷电池的改进后这种差距有所减小。同时，BPsolar 报告单位面积上的工艺成本事实上一样，比丝网印刷电池单位面积上多 4%。因此，该电池提供了每峰瓦低得多的成本和较高的单位面积功率输出。基础投资费用高，但较低的材料成本弥补了这一缺点。

2.性能改善有原因

（1）填充因子较高是由于金属化栅线较好的电导和这些栅线与重掺杂槽区之间较低的接触电阻。

（2）电压较高是由于上表面扩散较高的方块电阻，结合这些面积上整个的氧化提供了极好的表面钝化，以及槽区中的重掺杂提供的钝化。埋栅电池达到了接近700mV的开路电压，接近于实验室硅电池曾经获得的最高电压。

（3）高电流输出原因是相对低的上表面遮挡，这种方法即使在大面积电池上也是可行的。激光刻槽的金属化线宽可以达到15～20μm，机械开槽的线宽可达到40μm。低的金属化损失也使得这种方法非常适合商业电池不断增大的尺寸。早期的研究曾经注意到这一点，但未深入。对改善的输出电流的另一个贡献是由于非接触面上几乎理想的表面性质产生的改善的蓝光响应。

工艺步骤也表示它本身在工艺过程中能够产生很好的吸杂效果。开槽过程的损伤似乎是有益的。用于硅片的背表面时，激光损伤可以产生有效的吸杂。类似地，可以预期上表面上激光刻的槽是有效的吸杂点。埋栅工序的优点之一是上表面的刻槽部分在刻槽后受到重扩散。磷会优先地在损伤面积扩散和自动地钝化开槽引起的损伤。这些电池的背面铝提供了切实可行的吸杂方法，像在槽面上的重磷扩散那样。

具有中试线生产经验的埋栅电池技术已经授权给几个主要的电池生产商。Talefunken为瑞士赛车"Biel精神号"制造了一个高效阵列，令人信服地赢得1990年世界太阳能挑战赛。阵列效率是17%，曾是当时效率最高的硅电池。该阵列比增强型的丝网印刷电池技术的第二名赛车多提供了25%的动力。

新南威尔士大学进行的实验用35个结合在一起的划片生产硅片表面2%深度均匀度的槽，每片工艺时间是3s。这种方法设备成本低，虽然消耗成本比激光刻槽高。由Unisearcosh有限公司和UNSW共同经营的小中试线也生产出了效率为19%～20%的激光刻槽电池，年产量为10000个电池。

这些中试线和生产研究得到的一致意见是埋栅工艺在转化为生产时能够比丝网印刷效率高20%～30%。虽然采用的工艺复杂，但省去了昂贵的银浆，以至于单位面积的工艺成本没有多大差别，而每瓦产品的成本低一些。

（二）HIT太阳能电池

HiT电池（具有本征薄层的异质结）结合了晶体硅和非晶硅电池技术，生产中的转换效率类似于埋栅电池和曾经报道过的某些高效大面积实验室器件。

同多数其他商业电池的极性相反，HIT电池初始沉底是N型硅片。其好处是，这样的衬底没有在B掺杂的P型衬底上制造的电池性能的光致衰减效应的限制。织构化后，在上表面沉积薄的本征氢化和P型非晶硅层，而在背面沉积本征层和N型非晶硅层。和通常的非晶硅技术一样，这些层与透明导电氧化物TCO层接触，又与丝网印刷金属栅线接触。

这些TCO层尽可能低的方块电阻放宽了先前所述的关于丝网印刷金属化参数的限制。然而，这些层的确吸收很多的光，下面的非晶硅掺杂层对光电流收集是不活跃的，导致电池的蓝光响应差。由于这层的吸收损失大约10%有用的电流，然而非晶硅的带隙要比硅高得多，非晶硅与晶体硅材料之间的界面质量是极好的，这个优质的界面产生了一些硅电池中看到的最高开路电压（710～720mV）。

这种方法产生了效率高达21.0%的创纪录的实验室大面积电池。这些实验室器件和商业器件之间的差别还不是很清楚。在三洋"顶级生产线"的产品报告中得到了15.2%标称组件效率，是目前的最高效率。在2001年，三洋报告了约生产16MW的HIT电池。

（三）基于氮化物的方法

1.等离子体区外钝化

HIT电池的一个局限是非晶硅层和其上面的提供横向电导率的透明导电物中的光吸收。然而，过去的十多年中硅光伏中值得注意的一个进展是利用等离子体区外钝化，用氮化硅钝化两个表面，以及用氢钝化体内。

2.MIS-N$^+$P或MINP方法

MINP电池结构在电池发展史上非常重要，因为它打破了晶体硅电池十多年的效率纪录，第一块18%的高效电池，是近十年来电池性能的第一个改善。采用这种结构在多晶硅硅片上取得了18%的电池效率，尽管方法相对简单，但这是面积大于1cm^{2}的电池达到的最大值之一。

一种简化的MINP工序是用金属掩膜工艺在多晶硅片上做成结构。基本顺序如下：用重磷扩散对初始硅片吸杂→去除吸杂层→N$^+$发射区扩散→在电池背面蒸发铝栅→850℃合金化形成局部背场（LBSF）→用等离子体氮化物区外背面→整个背面的背铝接触/反射区蒸发→在薄的热生长隧道氧化上的前面铝蒸发→掩膜成型→用等离子氮化物区外减反射层沉积。一个不同的工序避免了第一个背铝沉积成型步骤，而代以机械研磨的氮化物成形。

这种方法的问题是使用浪费沉积材料的掩膜，和使用上述简单技术时的背反流问题。

第五章 太阳能电池组件及其组件的测试

第一节 太阳电池组件

本节介绍太阳电池芯片、一般的太阳电池组件、建材一体型太阳电池组件、新型太阳电池组件、采光型太阳电池组件、透光型太阳电池组件、两面发电型太阳电池组件的结构和特点。最后介绍这些组件在太阳能光伏系统中的应用。

一、太阳电池芯片、组件

太阳电池芯片（Solar Cell）是太阳电池的最小单元，它由10cm角（12.5cm角或15cm角）等大小的硅等半导体结晶的薄片构成。一枚太阳电池芯片的出力电压约0.5V，太阳电池实际使用时，电压需满足少则十几伏多则几百伏的要求，需要将大量的电池芯片连接起来，这样极为不便。另外，由于太阳电池在户外使用存在如温度、湿度、盐分、强风以及冰雹等环境因素的影响，因此必须保护太阳电池芯片，使太阳电池长期发挥其发电功能。

为了解决太阳电池芯片在使用中的问题，一般将几十枚太阳电池芯片串、并联连接，然后封装在耐气候的箱中构成，称之为太阳电池组件（Solar Module）。太阳电池组件的构造方法多种多样，一般要考虑以下的问题：

1.为了防止太阳电池的通电部分被腐蚀，保证其稳定性和可靠性，必须使太阳电池具有较好的耐气候特性；

2.为了防止由于漏电引起事故，必须消除其对外围设备以及人体的不良影响；

3.防止由于强风、冰雹等气象因素对组件造成的损伤；

4.除了应避免太阳电池在搬运、安装过程中的损伤之外，还必须使电气配线比较容易；

5.使太阳电池更加美观；

6.增加保护功能，以防止由于组件的损伤、破损等引起的系统的电气故障。

二、太阳电池组件及其构造

如上所述，太阳电池组件是将几十枚太阳电池芯片串、并联连接，然后封装在耐气候的箱中而构成的。太阳电池组件的构造多种多样：结晶系的太阳电池组件一般有背面衬底型组件（Substrate），表面衬底型组件（Superstrate）以及填充型组件等构造；薄膜系太阳电池组件有衬底一体表面衬底型组件以及柔软型的组件等。

背面衬底型组件与表面衬底型组件的不同之处在于支撑组件的结构层是不是光的入射侧，如果支撑组件的结构层不是光的入射侧，则称为背面衬底型组件，反之则称为表面衬底型组件。目前，太阳能发电系统主要使用带有白色玻璃的表面衬底型的结晶系太阳电池组件。

（一）背面衬底型组件

背面衬底型组件是将太阳电池芯片配置在由玻璃等材料构成的背面衬底上，表面用透光性树脂封装而成，称为背面衬底型组件。背面衬底作为组件的支撑板，一般采用FRP（Fiber Refined Plastic）等有机材料或不锈钢板等金属薄板，也可采用玻璃等材料。

（二）表面衬底型组件

在玻璃等材料的透光性衬底上配置好太阳电池芯片，然后在其背面封装而成的表面衬底型组件的构造。由于考虑到组件的耐气候性等因素，一般采用将玻璃衬底侧面向光的入射侧（采光面侧）的结构，并将表面衬底作为组件的支撑。近年来表面衬底型组件的应用占主导地位，它被广泛用于结晶系太阳电池发电系统。

（三）填充型组件

填充型的太阳电池组件的构造中，它的光的入射侧、背面侧均为太阳电池的结构层，均为太阳电池的支撑板。

（四）衬底一体表面衬底型组件

由于表面衬底型的薄膜太阳电池可以在大面积衬底上直接形成，因此可以使组件的结构大大简化。

常见的太阳电池组件的构造由太阳电池芯片、表面罩、背面罩、填充材料以及框架组成。即用具有良好的耐气候填充材料将封装好的太阳电池芯片安放在表面罩与背面罩之间构成。为了提高周围的密封性能，与框架相连的部分一般使用硅等密封性能较好的材料将太阳电池密封。用于组件间的电气连接的接线盒安装在背面中央部位。

三、太阳电池组件的种类

太阳电池组件按用途可分成以下几种，即常用型直流出力太阳电池组件、建材一体型太阳电池组件、采光型太阳电池组件以及新型太阳电池组件等。

建材一体型太阳电池组件可分成建材屋顶一体型组件、建材幕墙一体型组件以及柔软型太阳电池组件；采光型太阳电池组件包括由结晶系太阳电池构成的采光型太阳电池组件以及由薄膜太阳电池构成的透明型太阳电池组件。关于新型太阳电池组件，这里主要介绍交流出力太阳电池组件、蓄电功能内藏的太阳电池组件、带有融雪功能的太阳电池组件以及两面发电 HIT 太阳电池组件等。

（一）一般常用型直流出力太阳电池组件

一般常用型直流出力太阳电池组件目前应用较广、主要用于分散系统、光伏电站等。组件的尺寸因厂家而异，有 1m×1m 角长的，也有 1m×0.5m 角长的。一枚太阳电池组件的输出电压因厂家、形式而异，一般为 17～40V。输出功率为 50～100W，最近也有超过 250W 的太阳电池组件问世。

（二）建材一体型太阳电池组件

通常，在建筑物上安装太阳电池时，先在屋顶上设置专用支架，然后，在其上安装太阳电池，这样会使建筑物的外观受到影响。另外，专用支架在太阳能光伏系统的成本中所占比例较大，一般占 9% 左右，对降低整个系统的成本具有一定的影响，而且安装费用也较高。

太阳能光伏系统大量应用时，需要解决两方面的问题：一是使结构更加合理，二是使太阳电池组件的成本降低，以降低用户的费用。解决方法之一是使用具有太阳电池与建筑材料双重功能的建材一体型太阳电池组件，这种太阳电池组件是将建筑材料与太阳电池融为一体，使结构更加合理。另外，建材一体型太阳电池组件可以作为建筑施工的一部分，可以在新建的建筑物或改装建筑物的过程中一次安装完成，可以同时完成建筑施工与太阳电池的安装施工，大大降低安装费用、施工费用，降低系统的价格。

1.建材一体型太阳电池组件的断面

建材一体型太阳电池组件（Building Integrated Photovoltaics，BIPV）中，在组件的背面由屋顶用钢板，表面由氟树脂胶片构成，然后与加固材料、绝缘材料等一起用黏结剂封装而成。

这种组件与玻璃型的组件相比不易破损，适用于拱形建筑物的太阳能光伏系统，具有用途广、适用性强等优点。

2.建材一体型太阳电池组件的种类

与建筑材料一体构成的新型太阳电池组件可分成以下几种，即建材屋顶一体型组件，建材幕墙一体型组件以及柔软型组件。其中，建材屋顶一体型组件主要用于屋顶住宅用太阳能光伏系统，建材幕墙一体型组件主要用于大楼、建筑物等，柔软型太阳电池组件则主要应用于窗户玻璃、曲面建筑物等。

然而，建材一体型太阳电池组件除了要满足电气性能之外，还必须满足建筑材料所要求的以下的各种性能：①强度、耐久性：太阳电池组件必须满足防水性的要求，如漏雨、漏水等，以及台风、地震时的机械强度的要求；②防火、耐火性：特别是太阳电池瓦与屋顶材料构成的太阳电池组件必须满足防火、耐火的要求；③美观、外观性：屋顶会影响街道、地区的美观性，因此，对所安装的太阳电池的色彩、形状以及大小有一定的要求。

（1）建材屋顶一体型太阳电池组件

建材屋顶一体型太阳电池组件是指在屋顶的表面将太阳电池组件、屋顶的基础部分以及屋顶材料等组合成一体所构成的屋顶层。建材屋顶一体型太阳电池组件按太阳电池在建筑物上的安装方式，可以分成可拆卸式、屋顶面板式以及隔热式等。在建材屋顶一体型太阳电池组件中，除了使用常用的太阳电池组件外，还可以使用HIT太阳电池。

①瓦一体型太阳电池组件

太阳电池瓦的外观由曲面形状玻璃瓦与非晶硅太阳电池构成，出力约3W。由于非晶硅太阳电池的厚度非常薄，因此与传统的瓦相比重量基本相同，但瓦的强度却高3倍。由于非晶硅太阳电池采用气体反应的方法形成，所以可以像太阳电池曲面形状的玻璃瓦一样直接形成曲面。

瓦一体型太阳电池组件的外观，其特点是无框架设置施工，组件采用了不易燃烧的材料，可以代替传统的瓦使用。

②可拆卸式建材屋顶一体型太阳电池组件

可拆卸式建材屋顶一体型太阳电池组件，它是在一块平板瓦上制成的。背面为金属结构，可以比较容易地更换各组件，其特征是组件更换容易、具有耐火特性等。

③屋顶面板式建材屋顶一体型太阳电池组件

屋顶面板式建材屋顶一体型太阳电池组件，太阳电池瓦与屋顶构件组合，在工厂组装成板式结构。这种组件安装简便，重量轻，成本低，管理方便。

④隔热式建材屋顶一体型太阳电池组件

隔热式建材屋顶一体型太阳电池组件，它使用大型非晶硅（a-Si）太阳电池、屋顶构件、隔热材料等组成玻璃板，不但可以提高施工的便利性，而且可以使温度上升以恢复非晶硅太阳电池的初期特性。太阳电池瓦与屋顶构件在工厂组装，现场安装简便，质量管理方便。

⑤使用HIT太阳电池的建材屋顶一体型太阳电池组件。

由使用积层太阳电池（HIT）构成的建材屋顶一体型太阳电池组件，其特点如下：

a.太阳电池设置的部分可以省去屋顶瓦，因此可降低成本，可以与瓦同时设置，与传统的框架设置方法相比可节约50%的工时；

b.可省去太阳电池下面铺设的屋顶材料，可减轻屋顶的重量；

c.与平板瓦一样可以最大限度地利用屋顶的面积，外观也很美观。

另外，由于积层太阳电池的转换效率较高，因此同样的设置面积可以得到较大的发电出力。除此之外，由于这种电池具有较好的温度特性，可以抑制夏季高温时太阳电池的出力下降。

（2）建材幕墙一体型太阳电池组件

建材幕墙一体型太阳电池组件适用于高层建筑物，作为壁材、窗材使用。建材幕墙一体型太阳电池组件可分为：玻璃壁式建材幕墙一体型太阳电池组件、金属壁式建材幕墙一体型太阳电池组件等。

①玻璃壁式建材幕墙一体型太阳电池组件。

玻璃壁式建材幕墙一体型太阳电池组件是将玻璃与太阳电池组合而成，即由表面玻璃、太阳电池芯片以及背面材料构成。用来代替建筑物的玻璃，构成各种各样的彩色壁面，以满足不同用户的需要。

②金属壁式建材幕墙一体型太阳电池组件。

金属壁式建材幕墙一体型太阳电池组件，它将太阳电池装在铝材上构成太阳电池组件，太阳电池组件背面的铝制散热片用来散热，以提高太阳电池的转换效率。另外，可以方便地调整组件的倾角以及各组件间的间隙，以增加发电量。

（3）柔性式建材一体型太阳电池组件

柔性式建材一体型太阳电池组件，这种太阳电池组件可以满足各种不同的用途。将非晶硅太阳电池做成胶片状以及多种尺寸规格，施工时可以根据屋顶的形态选择太阳电池的大小。

今后，随着建材一体型技术、大面积化技术以及施工方法的进步，建材一体型太阳电池组件将会在太阳能发电方面得到越来越广泛的应用。

（三）采光型太阳电池组件

太阳能发电一般从政府机关大楼、学校等公共设施向企业、民间设施普及。

采光型太阳电池组件是为了适应政府机关、企业、工厂、公共设施等大楼的玻璃窗帘等美观的需要而设计的。因此，采光型太阳电池组件可以用于企业的办公楼、工厂、公共设施等大楼，可以发电供大楼使用，因其外观漂亮又可以与环境协调，可达到美化环境的效果。

采光型太阳电池组件按所使用的太阳电池的种类可分成多种形式，这里主要介绍4种，即由结晶系太阳电池构成的组合玻璃、复合玻璃采光型太阳电池组件，由薄膜系太阳电池构成的组合玻璃、复合玻璃采光型太阳电池组件。

1.结晶系组合玻璃采光型太阳电池组件

结晶系组合玻璃采光型太阳电池组件，这种采光型太阳电池组件是将结晶系太阳电池芯片夹在玻璃之间构成的。可以制成大型的太阳电池组件，系统设计时有较大的灵活性，可用于大楼的壁面、窗户以及房顶等处，使大楼的外观更加美观。

2.结晶系复合玻璃采光型太阳电池组件

结晶系复合玻璃采光型太阳电池组件，除了具有组合玻璃采光太阳电池组件的特长外，由于这种采光太阳电池组件是由带有网丝的玻璃复合构成，因此它还具有较好的防火、隔热性能，适用于大楼的窗玻璃、天窗等。

3.薄膜系组合玻璃透光型太阳电池组件

薄膜系组合玻璃透光型太阳电池组件是将薄膜透明太阳电池夹在两块玻璃之间构成。它可以作为窗玻璃使用，使房间适度采光。

4.薄膜系复合玻璃透光型太阳电池组件

薄膜系复合玻璃透光型太阳电池组件，它除了具有组合玻璃采光型太阳电池组件的特长之外，还是一种防火性能较好的薄膜透光型太阳电池组件。

（四）新型太阳电池组件

新型太阳电池组件有许多种类，这里主要介绍交流出力太阳电池组件、蓄电功能内藏太阳电池组件、带有融雪功能的太阳电池组件以及两面发电 HIT 太阳电池组件等。

1.交流出力太阳电池组件（AC 太阳电池组件）

通常，在太阳能光伏系统中，太阳电池方阵的直流输出与逆变器相连，并通过此逆变器将直流变成交流。但近年来出现了 AC 太阳电池组件 MIC（Module Integrated Converter）。AC 太阳电池组件中，每个组件的背面装有一个小型的逆变器。AC 太阳电池组件用小型逆变器，由于 AC 太阳电池组件的输出为交流电，因此，通过串、并联连接可以方便地得到所需的交流出力，可比较简单地构成太阳能光伏系统，一般将 AC 太阳电池组件的出力进行适当组合，直接用于一般家庭。目前，可直接与电力系统并网的产品也已进入实用阶段，并在太阳能光伏系统中应用。

AC太阳电池组件具有以下特点：

（1）可以组件为单位增设容量，容易扩大系统的规模；

（2）可以组件为单位进行MPPT控制，可提高组件的出力，减少组件因阳光的部分阴影以及多方位设置而出现的损失；

（3）由于省去了直流配线，可减少因电气腐蚀而出现的故障；

（4）由于可以将组件的输出切断，可提高安装时的安全性；

（5）AC太阳电池组件附加或内藏有小型逆变器，它的输出为交流电，因此，太阳电池组件个体可以构成发电系统，可以增加系统设计的灵活性。

逆变器的出力一般为几十W到几百W，与通常的逆变器相比，转换效率略低，但大量使用时可降低成本。另外，许多逆变器相连时会出现相互干扰的问题，存在与传统的系统不同的问题。欧洲国家先行一步进行了大量的研究开发，AC太阳电池组件已经被使用。

2.蓄电功能内藏太阳电池组件

太阳电池的电力可以向太阳电池组件内藏的蓄电池充电，错开太阳电池的发电高峰，这种组件可以在削减电力系统用电高峰、备用电源以及灾害时的紧急用电源等方面得到应用。目前也有在蓄电功能内藏的太阳电池组件上装有LED灯进行照明的组件。

3.带有融雪功能的太阳电池组件

积雪往往会影响太阳电池的出力。太阳电池组件积雪时可利用系统的夜间电力，通过逆变器使太阳电池组件通电，利用其所产生的热量使太阳电池上的积雪融化，使太阳电池恢复正常发电。这种电池组件主要用在北方积雪较多的地方。

4.两面发电HIT太阳电池组件

两面发电HIT太阳电池组件的结构，它由强化玻璃、HIT太阳电池、封装剂以及透明保护材料等构成。

两面发电HIT太阳电池具有如下的特点：

（1）表面和背面的入射光可以被利用，发电效率较高，与单面发电型太阳能光伏发电相比，两面发电HIT太阳能光伏发电的年发电量高20%左右；

（2）太阳电池组件可垂直安装，可节省安装空间；

（3）不论何种安装方位，年发电量基本相同，因此太阳电池不必都面向南向安装；

（4）与壁面等组成一体，可构成各种形式的发电系统；

（5）与传统的安装方式相比，由于此种安装可垂直安装，因此可容易除去电池表面的积雪、尘土等，使电池表面保持清洁，从而提高电池的发电出力；

（6）由于采用双重玻璃，因此具有可靠性高、耐久寿命长的优点；

（7）如果一面采用单层玻璃，而另一面采用透明树脂，则可降低太阳电池的重量，安装比较容易。

第二节　太阳辐射和太阳模拟器

一、太阳辐射

（一）概述

太阳能电池是将太阳能转变成电能的半导体器件，从应用和研究的角度来考虑，其光电转换效率、输出伏安特性曲线及参数是必须测量的，而这种测量必须在规定的标准太阳光下进行才有参考意义如果测试光源的特性和太阳光相差很远，则测得的数据不能代表它在太阳光下使用时的真实情况，甚至也无法换算到真实的情况，考虑到太阳光本身随时间、地点而变化，因此必须规定一种标准太阳光条件，才能使测量结果既能彼此进行相对比较，又能根据标准阳光下的测试数据估算出实际应用时太阳能电池的性能参数。

（二）太阳辐射的基本特性

1.描述光的相关概念

（1）发光强度

按照1979年第16届国际计量会议（CGPN）确定，以坎德拉（cd）为发光强度的计量单位。坎德拉是指光源在给定的方向上的光强度，该光源发出频率为 $540 \times 1012Hz$ 的光学辐射，且在此方向上的辐射强度为 $1/683W/Sr$（瓦［特］每球面度）。

（2）光通量

光通量的单位是流明（lm），它用来计量所发出的总光量，发光强度为lcd的点光源，向周围空间均匀发出 $4\pi lm$ 的光能量。

（3）光照度

光照度（简称照度）指照射于一表面的光强度，它用勒克斯（lx）作为单位，当1lm光通量的光强射到 $1m^2$ 面积上时，该面积所受的光照度就是 1 lx。

（4）辐照度

辐照度通常称为光强，即入射到单位面积上的光功率，单位是 W/m^2 或 mW/cm^2。

2.辐照度及其均匀性

对于空间应用，规定的标准辐照度为1367W/m²（另一种较早的标准规定为1353W/m²），对于地面应用，规定的标准辐照度为1000W/m²。实际上地面阳光和很多复杂因素有关，这一数值仅在特定的时间及理想的气候和地理条件下才能获得。地面上比较常见的辐射照度是在600~900W/m²，除了辐照度数值范围以外，太阳辐射的特点之一是其均匀性，这种均匀性保证了同一太阳能电池方阵上各点的辐照度相同。

3.光谱分布

太阳能电池对于不同波长的光具有不同的响应，即总辐照度相同而光谱成分不同的光照射到同一太阳能电池上，其效果是不同的，太阳光是各种波长的复合光，它所含的光谱成分组成光谱分布曲线，而且其光谱分布也随地点、时间及其他条件的差异而不同，在大气层外空间情况很简单，太阳光谱几乎相当于6000K的黑体辐射光谱，称为AM0光谱。在地面上，由于太阳光透过大气层后被吸收掉一部分，这种吸收和大气层的厚度及组成有关，因此是选择性吸收，结果导致非常复杂的光谱分布。而且随着太阳天顶角的变化。日光透射的途径不同，吸收情况也不同，所以地面阳光的光谱随时都在变化。因此从测试的角度来考虑，需要规定一个标准的地面太阳光谱分布。目前国内外的标准都规定，在晴朗的气候条件下，当太阳透过大气层到达地面所经过的路程为大气层厚度的1.5倍时，其光谱为标准地面太阳光谱，简称AM1.5标准太阳光谱，此时太阳的天顶角为48.19°，这样规定的原因是这种情况在地面上比较有代表性。

4.总辐射和间接辐射

在大气层外，太阳光在真空中辐射，没有任何漫射现象，全部太阳辐射都直接从太阳上照射过来。地面上的情况则不同，一部分太阳光直接从太阳上照射下来，而另一部分则来自大气层或周围环境的散射。前者称为直接辐射，后者称为天空辐射。两部分合起来称为总辐射，在正常的大气条件下，直接辐射占总辐射的75%以上，否则就是大气条件不正常所致，如由于云层反射或严重的大气污染所致。

5.太阳辐照稳定性

天气晴朗时，阳光辐照是非常稳定的，仅随高度角而缓慢地变化，当天空有浮云或严重的气流影响时才会产生不稳定现象，这种气候条件不适宜于测量太阳能电池，否则会得到不确定的结果。

二、太阳模拟器

综上所述，标准地面阳光条件具有1000W/m²，的辐照度，AM1.5的太阳光谱及足够好的均匀性和稳定性，这样的标准阳光在室外能找到的机会很少，而太阳能电池又必须在这种条件下测量，因此，唯一的办法是用人造光源来模拟太阳光，即太阳模拟器。

（一）稳态太阳模拟器和脉冲式太阳模拟器

稳态太阳模拟器是在工作时输出辐照度稳定不变的太阳模拟器，它的优点是能提供连续照射的标准太阳光，使测量工作能从容不迫地进行。缺点是为了获得较大的辐照面积，它的光学系统及光源的供电系统非常庞大，因此比较适合于制造小面积太阳模拟器。脉冲式太阳模拟器在工件时并不连续发光，只在很短的时间内（通常是毫秒量级以下）以脉冲形式发光。其优点是瞬间功率可以很大，而平均功率却很小。其缺点是由于测试工作在极短的时间内进行，因此数据采集系统相当复杂，在大面积太阳能电池组件测量时，目前一般都采用脉冲式太阳模拟器，用计算机进行数据采集和处理。

（二）太阳模拟器的电光源及滤光装置

用来装置太阳模拟器的电光源通常有以下几种：

1.卤光灯

简易型太阳模拟器常用卤光灯来装置。但卤光灯的色温值在2300K左右，它的光谱和日光相差很远，红外线含量太多，紫外线含量太少。作为廉价的太阳模拟器避免采用昂贵的滤光设备，通常用3cm厚的水膜来滤除一部分红外线，使它近红外区的光谱适当改善，但却无法补充过少的紫外线。

2.冷光灯

冷光灯是由卤光灯和一种介质膜反射镜构成的组合装置。这种反射镜对红外线几乎是透明的，而对其余光线却能起良好的反射作用。因此，经反射后红外线大大减弱而其他光线却成倍增加。和卤光灯相比，冷光灯的光谱有了大幅度的改善，而且避免了非常累赘的水膜滤光装置。因此，目前简易型太阳模拟器多数采用冷光灯。为了使它的色温尽可能地提高些，和冷光罩配合的光钨灯常设计成高色温，可达3400K，但使它的寿命大大缩短，额定寿命仅50小时，因此需经常更换。

3.氙灯

敬灯的光谱分布从总的情况来看比较接近于日光，但在$0.8\mu m \sim 0.1m$有红外线，比太阳光大几倍。因此，必须用滤光片滤除，现代的精密太阳模拟器几乎都用氙灯做电源，主要原因是其光谱比较接近日光，只要分别加上不同的滤光片即可获得AM0或AM1.5等不同的太阳光谱。放灯模拟器的缺点从光学方面来考虑是它的光斑很不均匀，需要有一套复杂的光学积分装置来使光斑均匀。从电路来考虑是它需要一套复杂而比较庞大的电源及起辉装置。总的来说，氙灯模拟器的缺点是装置复杂，价格昂贵，特别是有效辐照面积很难做得很大。

4.脉冲氙灯

脉冲式太阳模拟选用各种脉冲氙灯作为光源，这种光源的特点是能在短时间内发出比一般光源强若干倍的强光，而且光谱特性比稳态氙灯更接近于日光。由于亮度高通常可放在离太阳能电池较远的位置进行测量，因此改善了辐照均匀性，可得到大面积的均匀光斑。

第三节　太阳模拟器光学特性的检测

一、辐照不均匀度的检测

辐照不均匀度是对测试平面上不同点的辐照度来说，当辐照度不随时间改变时，辐照不均匀度按下式计算：

$$辐照不均匀度 = \frac{最大辐照度 - 最小辐照度}{最大辐照度 + 最小辐照度} \times 100\% \tag{5-1}$$

在测量单体太阳能电池时，辐照不均匀度应使用不超过待测电池面积1/4的检测电池来检测。在测量组件时，应使用不超过待测组件面积1/10的检测电池来检测。

二、辐照不稳定的检测

测试平面上同一点的辐照度随时间改变时。辐照不稳定度按下式计算：

$$辐照不稳定度 = \frac{最大辐照度 - 最小辐照度}{最大辐照度 + 最小辐照度} \times 100\% \tag{5-2}$$

三、光谱失配误差计算

光谱失配误差为

$$\int_0^{+\infty} [F_{T, AM1.5}(\lambda) - F_{S, AM1.5}(\lambda)][B(\lambda) - 1] d\lambda \tag{5-3}$$

式中，$F_{T, AM1.5}(\lambda)$ 和 $F_{S, AM1.5}(\lambda)$ 分别是被测电池（T）和标准电池（S）在AM1.5状态下的相对光谱电流，即光谱电流 $i(\lambda)$ 与短路电流I之比。

$$F_{T, AM1.5}(\lambda) = \frac{i_{T, AM1.5}(\lambda)}{\int i_{T, AM1.5}(\lambda) d\lambda} = \frac{i_{T, AM1.5}(\lambda)}{I_{T, AM1.5}} \tag{5-4}$$

$$F_{S, \text{AM1.5}}(\lambda) = \frac{i_{S, \text{AM1.5}}(\lambda)}{\int i_{S, \text{AM1.5}}(\lambda) d\lambda} = \frac{i_{S, \text{AM1.5}}(\lambda)}{I_{S, \text{AM1.5}}} \qquad (5-5)$$

$$I_{T, \text{AM1.5}} = \int i_{T, \text{AM1.5}}(\lambda) d\lambda \qquad (5-6)$$

$$I_{S, \text{AM1.5}} = \int i_{S, \text{AM1.5}}(\lambda) d\lambda \qquad (5-7)$$

$B(\lambda) - 1$定义为光谱，它表示太阳模拟器光谱辐照度 $e_{\text{sim}}(\lambda)$ 和AM1.5的光谱辐照度。$e_{\text{AM1.5}}(\lambda)$ 的相对偏差：

$$\frac{e_{\text{sim}}(\lambda) - e_{\text{AM1.5}}(\lambda)}{e_{\text{AM1.5}}(\lambda)} = B(\lambda) - 1 \qquad (5-8)$$

即

$$B(\lambda) = \frac{e_{\text{sim}}(\lambda)}{e_{\text{AM1.5}}(\lambda)} \qquad (5-9)$$

由上述容易看到，在两种特殊情况下光谱失配误差消失：一种情况是太阳模拟器的光谱和标准太阳光谱完全一致；另一种情况是被测太阳能电池的光谱响应和标准太阳能电池的光谱响应完全一致。这两种特殊情况都难以严格地实现，而两种情况相比之下，后一种情况更难实现，因为待测太阳能电池是多种多样的，不可能每一片待测电池都配上和它光谱响应完全一致的标准太阳能电池。光谱响应之所以难控制，一方面出于工艺上的原因，在众多复杂因素的影响下，即使是同工艺、同结构、同材料，甚至是同一批生产出来的太阳能电池，也不能保证具有完全相同的光谱响应；另一方面来自测试的困难，光谱响应的测量要比伏安特性测试麻烦得多，也不易测量正确，不可能在测量伏安特性之前先把每片太阳能电池的光谱响应测量一下。

因此为了改善光谱匹配，最好的办法是设计光谱分布和标准太阳光谱非常接近的精密型太阳模拟器，从而对太阳能电池的光谱响应不必再提出要求。

第四节　单体太阳能电池测试

测量太阳能电池的电性能归结为测量它的伏安特性，由于伏安特性与测试条件有关，必须在统一的规定的标准测试条件下进行测量，或将测量结果换算到标准测试条件，才能鉴定太阳能电池电性能的好坏，标准测试条件包括标准太阳光（标准光谱和标准辐照度）和标准测试温度，温度可以人工控制。标准太阳光可以人工模拟，或在自然条件下寻找。使用模拟阳光，光谱分布取决于电光源的种类、滤光及反光系统。总辐照度可以用标准太阳能电池短路电流的标定值来校准。为了减少光谱失配误差，模拟阳光的光谱应尽量接近标准阳光光谱，或选用和被测量电池光谱响应基本相同的标准太阳能电池。

一、测试项目

测试项目包括：

1.开路电压 U_{oc}。

2.短路电流 I_{sc}。

3.最佳工作电压 V_m。

4.最佳工作电流 I_m。

5.最大输出功率 P_m。

6.光电转换效率 η。

7.填充因数FF。

8.伏安特性曲线或伏安特性。

9.短路电流温度系数 α，简称电流温度系数。

10.开路电压温度系数 β，简称电压温度系数。

11.内部串联电阻 R_s。

12.内部并联电阻 R_{sh}。

二、电性能测试的一般规定

（一）标准测试条件

标准规定地面标准阳光光谱采用总辐射的AM1.5标准阳光光谱。

地面阳光的总辐照度规定为$1000W/m^2$标准测试温度规定为25℃。

对定标测试，标准测试温度的允许差为±1℃。对非定标准测试，标准测试温度允许差为±2℃。

如受客观条件所限，只能在非标准条件下进行测试，则必须将测量结果换算到标准测试条件。

（二）测量仪器与装置

1.标准太阳能电池

（1）标准太阳能电池用于校准测试光源的总辐照度

（2）对AM1.5工作标准太阳能电池做定标测试时，用AM1.5二级标准太阳能电池校准辐照度。

（3）在非定标测试中，一般用AM1.5工作标准太阳能电池标定测量时所用的光照辐照度。

2.电压表

电压表包括一切测量电压的装置，其精度应不低于0.5级。

3.电流表

（1）电流表内阻应小到能保证在测量短路电流时，被电池两端的电压不超过开路电压的3%。当要求更精确时，在开路电压的3%以内可利用电压和电流的线性关系来推算完全短路电流。

（2）推荐用数字毫伏表测量采样电阻两端电压降的方法来测量电流，

4.采样电阻

（1）采样电阻的精确度应不低于±0.2%，必须采用四端精密电阻。

（2）电池短路电流和采样电阻值的乘积应不超过电池开路电压的

5.负载电阻

负载电阻应能从零平滑地调节到10kΩ以上。必须有足够的功率容量，以保证在通电测量时不会因发热而影响测量精度。当可调电阻不能满足上述条件时，应采用等效的电子可变负载。

6.函数记录仪

函数记录仪用于记录太阳能电池的伏安特性曲线。函数记录仪的精密应不低于0.5级。对函数记录仪内阻的要求和对电压表内阻的要求相同。

7.温度计

温度计或测温系统的仪器误差应不超过±0.5℃。测量系统的时间响应不超过1s。测量探头的体积和形状应保证它能尽量靠近太阳能电池的PN结安装。

8.室内测试光源

辐照度、辐照和均匀度、稳定度、准自性及光谱分布均应符合一定的要求。

（三）基本测试方法

在所规定的测试项目中，开路电压和短路电流可以用电直接测量，其他参数从伏安特性求出。

太阳能电池伏安特性应在标准地面阳光、太阳模拟器或其他等效的模拟阳光下测量。

太阳能电池的伏安特性应在标准条件下测试，如受客观条件所限，只能在非标准条件下测试，则测试结果应换算到标准测试条件。

在测量过程中，单体太阳能电池的测试温度必须恒定在标准测试温度。可以用遮光法来控制太阳能电池组件、组合板或方阵的测试温度。模拟阳光的辐照度只能用标准太阳能电池来校准，不允许用其他辐射测量仪表。

用于校准辐照度的标准太阳能电池应和待测太阳能电池具有基本相同的光谱响应。（注：是指同材料、同结构、同工艺的太阳能电池）

（四） 从非标准测试条件换算到标准测试条件

电流和电压换算公式如下：

当测体温度、辐照度和标准测试条件不一致时，可用以下换算公式校正到标准测试条件。

$$I_2 = I_1 + I_{SC}\left[\frac{I_{SC}}{I_{MR}} - 1\right] + \alpha(T_2 - T_1) \tag{5-10}$$

$$V_2 = V_1 - R_S(I_2 - I_1) - KI_2(T_2 - T_1) + \beta(T_2 - T_1) \tag{5-11}$$

式中：I_1、V_1为待校正的特性曲线的坐标点；I_2、V_2为校正后的特性曲线的对应坐标点；I_{sc}为所测试电池的短路电流；I_{MR}为标准电池在实测条件下的短路电流；T_1为测试温度；T_2为标准测试温度；R_S为所测电池的内部串联电阻；K为曲线校正因子，一致可取$1.25 \times 10^{-3}\Omega/℃$；$\alpha$为所测电池在标准辐照度下，以及在所需的温度范围内的短路电流温度系数；β为和上述短路电流温度系数相对应的开路电压温度系数。

注：以上各参数的单位必须统一。

（五） 室外阳光下测试

1.测试场地及周围环境

测试场地周围的地面空旷，无遮光、反光及散光的任何物体。测试场地周围地面上应无高反射的物体，如冰雪、白灰和亮沙子等。

2.气候及阳光条件

（1）天气晴朗，太阳周围无云。

（2）阳光总辐照度不低于标准总辐照度的80%，天空散射光所占比例不大于总射的25%。在测试周期内，辐照的不稳定度应不大于±1%。

3.安装要求

被测电池、标准电池应安装在同一平面上，并尽量靠近，测试平面的法线和入射光线的夹角应不大于5°。

（六） 太阳能电池内部串联电阻的测量

图伏安特性曲线　本方法在太阳模拟器或其他模拟阳光下测量太阳能电池内部串联电阻，所用的装置和测量伏安特性的装置相同。但要求测试平面上的辐照度大致能在$600W/m^2 \sim 1200W/m^2$调节。

用两种不同的辐照度，分别测量两条伏安特性曲线，画在同一坐标上。两种辐照度大致取为$900W/m^2$和$1100W/m^2$；不需知道正确的数值。辐照度改变时要求温度变化不超过2℃。

（七）太阳能电池电流和电压温度系数的测量

太阳能电池的短路电流温度系数 α 和开路电压温度系数 β 随辐照情况而改变，并与温度有关，因此必须在规定的辐照条件下进行测量。而测量结果只在所测的温度范围内适用，温度范围根据需要来确定。

1.测试光源用太阳模拟器或其他模拟阳光，推荐使用脉冲式太阳模拟器。

2.温度传感器附着在被测的太阳能电池上，尽量靠近 PN 结。

3.被测器件安装在能控制温度的测试架上，接触面应有良好的热传导，温度恒定在标准测试温度。

4.工作标准电池和被测电池并排放置在测试平面的有效辐照区内。

5.工作标准电池校准辐照度。

6.把温度调节到所需温度范围的最低点，测量开路电压和短路电流。

7.把温度升高 10℃，稳定后再测量开路电压和短路电流。

8.重复 7，直到所需温度范围的最高点。

9.用统计方法处理数据，画出短路电流–温度以及开路电压–温度两条曲线。

10.在所需温度范围的中点，求出上述两条曲线的斜率，即 α 和 β。

11.太阳能电池组件、组合板和方阵的温度系数可根据单体电池的温度系数及单体电池串、并联个数算出。

12.当温度低于环境温度时，为了防止被测器件的表面生成冷凝水珠，可以用干燥的氮气保护，必要时在高真空中测试。

第五节 非晶硅薄膜太阳能电池电性能测试

非晶硅太阳能电池电性能测试方法从原则到具体程序都和单晶硅、多晶硅太阳能电池电性能测试相同，但必须注意以下几点区别，否则可能导致严重的测量误差。

一、校准辐照度

应选用恰当的、专用于非晶硅太阳能电池测试的非晶硅标准太阳能电池来校准辐照度。由于非晶硅太阳能电池与单晶硅太阳能电池的光谱响应差别很大，如果用单晶硅标准电池定标光源辐照度，将会得到毫无意义的测试结果。当然，按照光谱失配的理论，如果所选用的测试光源十分理想，那么，即使用单晶硅标准太阳能电池校准辐照度也能获得正确的结果。

二、光源

用于非晶硅太阳能电池电性能测试的光源应尽可能选用在 $0.3 \sim 0.8\mu m$ 波长，光谱特性非常接近AM1.5太阳光谱的太阳模拟器。在自制太阳模拟器的情况下，应当给出 $0.3 \sim 0.58\mu m$ 波长光谱分布的详细数据或曲线，以便计算光谱失配误差。

三、光谱响应

非晶硅太阳能电池的光谱响应特性与所加偏置光及偏置电压有关，在非标准条件下进行测试和换算时应注意有关情况。

第六节　太阳能电池组件测试和环境试验方法

一、测试项目

太阳能电池组件参数测量的内容，除常用的和单体太阳能电池相同的一些参数外，还应包括绝缘电阻、绝缘强度、工作温度、反射率及热机械应力等参数。

二、组件电性能参数测量中所需的参考组件

关于太阳能电池电性能参数测量方法的总原则性的方法当然也适用于组件参数测量。这里需要补充的首先是，在组件参数测量中采用参考组件来校准辐照度要比直接用标准太阳能电池来校准辐照度更值得推荐，在室内测试和室外测试两种情况下，对参考组件的形状、尺寸的要求不一致。在室内测试的情况下，要求参考组件的结构、材料、形状、尺寸等都尽可能和待测组件相同。而室外阳光下测量时，上述要求可稍微放宽，即可以采用尺寸较小、形状不完全相同的参考组件。

三、太阳能电池组件测试方法

（一）组件的额定工作温度

额定工作温度NOCT是Nominal Operating Cell Temperature的缩写，其定义是太阳电阻组件在辐照度为 $800W/m^2$、环境温度 $20℃$、风速为 $1m/s$ 的环境条件下，太阳能电池的工作温度。某种组件的额定工作温度和它的实际工作温度 t_r 及环境温度 t_e 之间有如下经验公式：

$$t_r = t_e + \frac{(NOCT - 20)}{80}P \qquad (5-12)$$

式中，P为测量时的实际辐照度。

由于太阳能电池组件的实际工作温度常难以直接测定。因此采用式（5-12）来进行估算是有意义的。测定了环境温度及辐照度便可根据它的NOCT数据来估算实际工作温度。

各种组件的NOCT应当由专门机构来测定。某种组件的NOCT取决于它的封装情况，表5-1所示为典型的NOCT数据，可作为参考标准。

表5-1 典型NOCT数据

组件封装状况	NOCT/℃	组件封装状况	NOCT/℃
用玻璃做基板无气隙封装	41	采用不带散热的铝质基板	43
用玻璃做基板的有气隙封装	60	采用明料状板	47
采用带有散热片的铝质基板	40		

（二）电阻的测量

绝缘电阻测量是测量组件输出端和金属基板或框架之间的绝缘电阻。在某些环境试验项目进行前后都需测量绝缘电阻。在测量前先做安全检查，对于已经安装使用的方阵首先应检查对地电位、静电效应，以及金属基板、框架、支架等接地是否良好等，建议最好先用容量足够大的开关设备把待测方阵的输出端短路后再进行测量，可以用普通的绝缘电阻表（即兆欧）表来测量绝缘电阻，但应选用电压等级大致和待测方阵的开路电压相当的兆欧表。测量绝缘电阻时，大气相对温度应不大于75%。

第六章 光伏系统的组成与应用

第一节 光伏发电概述

一、光伏发电技术的发展

（一）世界光伏发展历史

光伏发电是利用光电转换原理使太阳辐射能转变为电能的一种技术。从1839年法国科学家E.Becquerel发现液体的光生伏特效应（简称光伏现象）算起，光伏发电已经经过了180多年的漫长的发展历史。从总的发展历程来看，相关领域的基础研究和技术进步都对光伏发展起到了积极推进的作用。对光伏电池的实际应用起到决定性作用的是美国贝尔实验室三位科学家对于单晶硅光伏电池的研制成功，在光伏电池发展史上具有里程碑式的作用。至今为止，光伏电池的基本结构和机理没有发生改变。世界光伏发展的时间轴如图6-1所示。

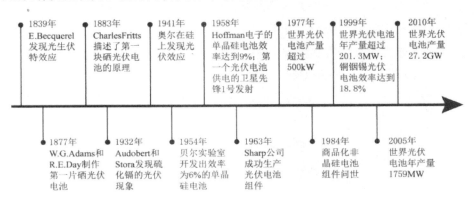

图6-1 世界光伏发展时间轴

第一阶段（1839—1954年），光伏电池理论研究阶段。

光伏发电技术研究始于1839年法国科学家 E. Becquerel 发现光照能够使得半导体材料的不同部位之间产生电位差，这种现象被称为"光伏效应"。1877年 W.G. dams 和 R. E. Day 研究了硒（Se）的光伏效应，并制作第一片硒光伏电池。1883年美国发明家 CharlesFritts 描述了第一块硒光伏电池的原理。1932年 Audobert 和 Stora 发现硫化镉（CdS）的光伏现象。1941年奥尔在硅上发现了光伏效应。

第二阶段（1954年至20世纪80年代），光伏电池发展和初步应用阶段。

1954年，贝尔实验室的 G. Pearson 等开发出光电转换效率为6%的单晶硅光伏电池，其为现代晶体硅光伏电池的雏形，是世界上第一个实用的光伏电池。1958年美国信号部队的 T. Mandelkorn 制成 n/p 型单晶硅光伏电池，这种电池抗辐射能力强。Hoffman 电子的单晶硅电池效率达到9%；第一个由光伏电池供电的卫星先锋1号发射。1963年 Sharp 公司成功生产光伏电池组件；日本在一个灯塔安装242W 光伏电池阵列，在当时是世界最大的光伏电池阵列。D. E. Carlson 和 C. R. Wronski 在 W. E. Spear 于1975年所做的控制 pn 结的工作基础上，制成世界上第一个非晶硅光伏电池。

第三阶段（20世纪80年代至今），光伏发电产业化应用阶段。

自20世纪80年代开始，光伏电池的种类不断增多、应用范围日益广泛、市场规模也逐步扩大。1984年商品化非晶硅光伏电池组件问世。1999年世界光伏电池年产量超过201.3MW；美国 NREL 的 M. A. Contreras 等研制的铜铟锡（CIS）光伏电池效率达到18.8%；非晶硅光伏电池占市场份额12.3%。2010年，世界光伏电池产量达到27.2GW。目前，高效晶体硅光伏电池和各类薄膜光伏电池是世界光伏产业的热点之一。

在光伏发电技术开发之初的20世纪60年代，由于制造成本高，光伏发电仅用于人造卫星、海岛灯塔等场所，1976年全球光伏电池年产量仅几百千瓦。20世纪80年代以来，由于能源危机的不断加剧，光伏电池技术不断进步、成本不断降低。2003年，国际市场光伏模块的售价已降至2.5～3美元/W；2008年，美国 First Solar 公司 CdTe 薄膜光伏电池成本为1美元/W，光伏产业迅猛发展。1997年全球光伏电池年产量为163.3MW，2007年则增至3733MW。近年来，世界光伏产业以每年超过30%的速度递增，成为发展速度最快的行业之一。到2009年底，全球光伏发电装机容量累计达2300万 kW，当年新增装机约为700万 kW。

近年来，并网光伏发电的应用比例快速增长，已经成为光伏发电的主导。1996年，并网光伏系统比例仅为7.9%，而2007年则增加至80%左右。目前，光伏与建筑相结合的分布式并网系统市场份额已经大于大型并网光伏电站。自2011年起，全球每年光伏新增容量均大于20GW，2015年新增光伏装机容量突破50GW，

2019年更是超过了100GW，光伏产业发展势态良好。根据国际能源署（IEA）发布的2020年全球光伏市场报告，2019年全球光伏新增装机容量114.9GW，连续第三年突破100GW门槛，同比增长12%，光伏累计装机容量达到627GW。2019年全球前十国家依次为中国、美国、印度、日本、越南、西班牙、德国、澳大利亚、乌克兰、韩国。前十国家新增装机容量占比达到73%，较2018年有所下降。据国际能源署（IEA）预测，到2030年全球光伏累计装机容量有望达1721GW，到2050年将进一步增加至4670GW，光伏行业发展潜力巨大。

（二）中国光伏发展历史

中国对光伏电池的研究始于1958年，中国光伏发展时间轴如图6-2所示。

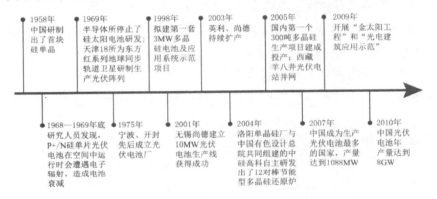

图6-2　中国光伏发展时间轴

第一阶段（20世纪50年代至1975年），光伏电池研究和发展阶段。

在20世纪五六十年代，中国开始研究光伏发电技术。1958年，中国研制出了首块单晶硅光伏电池。1968—1969年底，研究人员发现，P+/N硅单片光伏电池在空间中运行时会遭遇电子辐射，造成电池衰减。1969年半导体所停止了硅光伏电池研发。因为光伏成本与技术的双高要求，当时光伏主要应用于我国的航空航天领域，中国电子科技集团公司第十八研究所为东方红系列地球同步轨道卫星研制生产光伏电池。1975年宁波、开封先后成立光伏电池厂。在20世纪70—80年代，从航空航天等高端领域落地到地方企业探索发展，光伏发电迎来变革。

第二阶段（1975—2007年），初期示范阶段。

这一阶段，在以美国、日本为主的西方国家的带动下，全球的光伏产业迎来发展机遇，中国光伏产业也正式拉开序幕，从国家层面落地到企业层面。1998年拟建第一套3MW多晶硅电池及应用系统示范项目。2000年后，国家启动了送电到乡、光明工程等扶持项目，为偏远地区解决用电问题。随着光伏产业技术的成熟，度电成本逐渐降低、上网电价初步确认以及国家改善能源结构的需要日益增加，集中式光伏发电得到迅猛发展。2001年无锡尚德太阳能电力有限公司（以下简称尚德）建立 10MW 光伏电池生产线获得成功。2003 年，在欧洲特别是德国光伏市场需求拉动下，英利集团、尚德持续扩产，带动其他多家企业纷纷建立光伏电池生产线，进一步拉动了中国光伏产业的发展。2004 年，洛阳单晶硅厂与中国有色设计总院共同组建的中硅高科自主研发出了 12 对棒节能型多晶硅还原炉。2005 年 8 月 31 日，中国第一座直接与高压并网的 100kW 光伏电站在西藏羊八井建成并一次并网成功顺利投入运行，开创了中国光伏发电系统与电力系统高压并网的先河。该项目的研究对西藏的电力建设以及在中国荒漠化地区推广建设大型及超大型并网光伏电站有重要的指导意义。

第三阶段（2007 年至今），产业化发展阶段。

2007～2010 年，国内的光伏发电项目快速走向市场化，装机容量保持每年 100% 以上的增长。2007 年，中国成为光伏电池产量最多的国家，达到 1088MW。2009 年，国家能源局和住建部分别开展"金太阳工程"和"光电建筑应用示范"项目。2010 年中国光伏电池年产量达到 8GW。在此阶段，大型并网光伏电站和光伏建筑一体化的模式发展迅速。

2010 年后，在欧洲经历光伏产业需求放缓的背景下，中国光伏产业迅速崛起，成为全球光伏产业发展的主要动力。截至 2015 年年底，新增装机容量 15.13GW，累计光伏发电装机容量 43.18GW，超越德国成为全球光伏发电装机容量最大的国家。2018 年新增装机容量达到了 44GW，累计光伏装机并网容量超过 174GW。虽然近两年国内光伏新增装机容量有所下降，但是位于山西大同的全球首座熊猫光伏电站累计装机容量方面，中国仍然处于领先地位，累计装机容量为 204.3GW，几乎占全球光伏装机容量的 1/3。根据预测，到 2050 年新能源发电将成为第一大电源，将有 75% 以上的发电用能来自清洁能源，其中以风光为代表的新能源发电量占比将达到 40% 左右。随着光伏装机容量的不断增长，并网发电及消纳能力需要综合考虑发电侧、电网侧以及用户侧。而且光伏发电的目标可能不仅限于平价，而是要低于火电价格，促进光伏行业更加健康地成长。

（三）中国光伏发展之壮美

2005 年，中国光伏发电装机容量只有 68MW，2011 年则达到了 2900MW。自 2013 年以来，随着光伏产业链成本持续下降，光伏产业链经济性逐渐显现，中国光伏产业得以蓬勃发展。截至 2015 年底，累计光伏发电装机容量约 43GW，超过德国成为全球第一。2017 年在补贴下调催化下，我国光伏实现爆发式增长，全年新增装机 53GW，其中分布式装机 19.4GW，占比接近 40%，较 2016 年大幅提升。2019 年虽然我国光伏新增装机再次同比下降，但是新增和累计光伏装机容量仍继续保持全球第一。2019 年，我国新增光伏并网装机容量达到 30.1GW，同比下降

32.0%；截至2019年年底，累计光伏并网装机量达到204.3GW，同比增长17.1%；全年光伏发电量2242.6亿看W·h，同比增长26.3%，占我国全年总发电量的3.1%，同比提高0.5个百分点。2019年，我国光伏新增装机容量连续7年位居全球首位，累计装机量连续5年位居全球首位，多晶硅产量连续9年位居全球首位，组件产量连续13年位居全球首位。多晶硅产量34.2万t，同比增长32.0%，硅片产量134.6GW，同比增长25.7%，电池片产量108.6GW，同比增长27.8%，组件产量98.6GW，同比增长17.0%。中国已经成为最大的光伏市场。

龙羊峡水光互补光伏电站是全球最大水光互补并网光伏电站，位于龙羊峡水电站水库左岸，直线距离约36km，总装机容量为850MW。龙羊峡水光互补光伏电站一年可发电近15亿kW·h，对应到火力发电相当于一年节约标准煤18.356万t，减少二氧化碳排放约48.09万t，二氧化硫1560.26t，氮氧化合物1358.34t。创造了良好的社会生态环境效益。

世界最大水上漂浮式光伏电站位于我国安徽省淮南地区，总装机达150MW，这里原本是以前的淹水煤矿区，建成后年发电量约L5亿kW·h，相当于种植阔叶林约530hm²，年节约标准煤约5.3万t，减少二氧化碳排放约19.95万t，减少森林砍伐约5.4万m³，能够满足约9.4万户城乡家庭的用电需求。

全球最大太阳能发电综合技术实证试验基地位于青海省，总装机容量为110MW。百兆瓦级太阳能发电实证基地是当时全球唯一一个最大规模的太阳能发电综合技术的实证试验基地，被称作全球光伏行业百科全书。基地总占地面积为2.68km²，总装机容量为110MW，由5个试验区和组件、逆变器2个测试平台组成，并预留后续新技术、新产品的试验区。设两座35kV汇集站，将试验区发出的电能进行汇集后经35kV架空线接入已建设的330kV升压站。基地不仅对整个太阳能光伏电站各种技术进行实际考证，甚至为中国乃至全球太阳能领域的发展都将做出重要的贡献。

2017年12月28日，世界全球单段里程最长的高速光伏路试验段在济南正式通车，该段光伏路面所产生的电能已经与充电桩相连，实现并网发电，已经实现为高速公路路灯、电子情报板、融雪剂自动喷淋设施、隧道及收费站提供电力供应等功能。这条高速公路光伏路面试验段位于济南绕城高速南线，全长约1120m，光伏路面铺设长度1080m，总铺设面积5874m²。铺设在主行车道和应急车道上，总装机量峰值功率817.2kW，是世界上首条以高速公路为载体，实现高荷载高流量复杂交通情况下多车道路面光伏发电的高速公路。

二、光伏发电系统的构成

光伏发电系统是利用光伏电池的光生伏特效应和其他辅助设备将太阳能转换

成电能的发电系统。它的主要部件包括光伏组件、蓄电池、控制器和逆变器。光伏发电系统按是否接入市电电网主要分为独立光伏发电系统、并网光伏发电系统两大类。

（一）独立光伏发电系统

独立型光伏发电系统，不依赖电网而独立运行，广泛应用于偏僻山区、无电区、海岛、通信基站和路灯等场所。系统一般由光伏组件组成的光伏阵列、控制器、逆变器、蓄电池组、负载等构成。光伏阵列在有光照的情况下将太阳能转换为电能，通过光伏控制器、逆变器给负载供电，同时给蓄电池组充电；在无光照时，由蓄电池通过逆变器给交流负载供电。

独立光伏发电系统由于必须配备蓄电池，蓄电池则占据了发电系统30%～50%的成本。

独立光伏发电系统的典型特征为需要用蓄电池来存储夜间或在多云或下雨期间需要的电能。当在夜晚或日光不强等外在条件影响下，光伏阵列不能为负载提供足够的能量时，蓄电池向负载提供能量以保证电能稳定。当日光充足时，系统输出多于负载所需要的能量时蓄电池将储存多余的电能。逆变器是通过半导体功率开关的开通和关断作用，将光伏阵列产生的直流电转变为交流电的一种装置。对于无电网地区或经常停电地区家庭来说，独立光伏发电系统具有很强的实用性。特别是单纯为了解决停电时的照明问题，可以采用直流节能灯，非常实用。因此，独立光伏发电是专门针对无电网地区或经常停电地区场所使用的。

光伏组件是光伏发电系统中的核心部分，其作用是将太阳能直接转换成电能，供负载使用或存储于蓄电池内备用。光伏电池是光电转换的最小单元，常用尺寸一般为156mm×156mm。光伏电池的工作电压约为0.5V，一般不能单独使用。光伏组件是光伏电池经过合理串并联后形成具有较大功率输出的能量转换装置。一块光伏组件通常由60片（6×10）或72片（6×12）光伏电池组成。大规模使用时，通常将多个同种组件通过合理的串并联形成高电压、大电流、大功率的光伏阵列，用在各种光伏电站、光伏屋顶等项目中。

太阳能控制器是用于光伏发电系统中控制多路光伏阵列对蓄电池充电以及蓄电池给光伏逆变器负载供电的自动控制设备，它是整个光伏发电系统中实现管理功能的关键部件，其性能的好坏直接影响整个光伏发电系统的使用效果。其基本作用是为蓄电池提供最佳的充电电流和电压，快速、平稳、高效地为蓄电池充电，并在充电过程中减少损耗，尽量延长蓄电池的使用寿命同时保护蓄电池，避免过充电和过放电现象的发生，提高光伏阵列的使用效率，充分利用太阳能资源，延长配套设备的使用寿命。由于光伏发电是一种不稳定的电源，它的输出特性受外界环境如光照强度、温度等因素的影响，在光伏发电系统中对蓄电池进行充、放电控制比普通蓄电池充、放电控制要复杂。

蓄电池组的作用是将光伏阵列发出的直流电直接储存起来，供负载使用。光伏阵列一般只工作在白天有光照的环境下，当夜晚或阴雨天时无法正常工作。因此，通常将蓄电池作为系统的储能环节，保证系统的高效稳定运行。工作过程为：当光照条件充足时，光伏阵列除了给负载供应电能外，还要对蓄电池充电，将多余的电能转化为化学能存储起来；当光照条件不足时，蓄电池参与供电工作，弥补光伏阵列供电不足的情况。蓄电池选用的前提条件是在满足负载供电的情况下，尽可能多地将光伏阵列产生的电能存储起来。

逆变器是通过半导体功率开关的开通和关断作用将光伏阵列和蓄电池提供的低压直流电逆变成交流电供给交流负载使用的一种转换装置。对于光伏发电系统，如果用电设备是交流负载，逆变器的作用就是将方阵和蓄电池提供的低压直流电进行调制、滤波、升压等控制后逆变成单相220V或三相380V交流电，使转换后的交流电的电压、频率与电力系统向负载提供的交流电的电压、频率一致，从而供给交流负载使用。光伏逆变器又可分为光伏并网逆变器和光伏离网逆变器。光伏离网逆变器即发即用，电能存储于蓄电池中，无须并网，其要求体积小、成本低且稳定可靠。传统的光伏离网逆变器有两种实现方法：一种将蓄电池中的低压直流电能通过DC/DC升压到直流高压（330～400V），再通过光伏逆变器输出220V市电；另一种先将蓄电池中的低压直流电通过光伏逆变器输出低压工频正弦交流电，再通过升压变压器升压到220V市电。

（二）并网光伏发电系统

并网光伏发电系统由光伏阵列、并网逆变器，光伏电表，负载，双向电表，并网柜和电网组成，光伏阵列发出的直流电，经逆变器转换成交流电送入电网。并网光伏发电系统主要有大型地面电站、中型工商业电站，小型家用电站三种形式。

并网光伏逆变器是将光伏阵列所输出的直流电转换成符合电网要求的交流电再输入电网的设备。在光伏并网发电系统中，逆变器起着如下的作用：1.实现高质量的电能转换，将光伏阵列产生的直流电转换成与电网电压同频、同相、同幅度的工频交流电；2.实现系统的安全保护要求；3.实现最大功率点的跟踪。同时，并网逆变器还应该具有防止短路、欠压、过流、自动电压调整、自动运行和停机、防孤岛保护等功能。

并网光伏逆变器可以按照拓扑结构、隔离方式、输出相数、功率等级、功率流向等进行分类。按照拓扑结构分类，目前采用的拓扑结构包括全桥逆变拓扑、半桥逆变拓扑、多电平逆变拓扑、推挽逆变拓扑、正激逆变拓扑、反激逆变拓扑等，其中，高压大功率光伏并网逆变器可采用多电平逆变拓扑，中等功率光伏并网逆变器多采用全桥、半桥逆变拓扑，小功率光伏并网逆变器采用正激、反激逆变拓扑。按照隔离方式，并网光伏逆变器分为隔离式和非隔离式两类，其中隔离式逆变器又分为工频变压器隔离方式和高频变压器隔离方式。按照输出相数，并网光伏逆变器可以分为单相和三相并网逆变器两类，中小功率场合一般多采用单相方式，大功率场合多采用三相并网逆变器。按照功率等级分类，并网光伏逆变器可分为功率小于1kVA的小功率并网逆变器，功率等级1~50kVA的中等功率并网逆变器和50kVA以上的大功率并网逆变器。

双向电表就是能够同时计量用电量和发电量的电能表，功率和电能都是有方向的，从用电的角度看，耗电的算为正功率或正电能；发电的算为负功率或负电能。双向电表可实现电能的正、反向分开计量、分开存储、分开显示，同时可通过电表配有标准RS485通信接口，实现数据的远传。双向电表主要针对分布式光伏电站需要双向计量的用户，当光伏电站向电网馈送电能时，输送给电网的电能需要准确计量；在光伏发电不能满足用户需求时使用电网的电能也需要准确计量。而普通的单块单向电表不能满足这一要求，所以需要使用具有双向电表计量功能的智能电表，实现电能的双向计量。

光伏发电系统具有可靠性高、使用寿命长、不污染环境、能独立发电又能并网；运行的特点，具有广阔的发展前景。与现有的主要发电方式相比较，光伏发电系统；工作点变化较快，受光照、温度等外界环境因素的影响很大；输入侧的一次能源功率不能主动在技术范围内进行调控，只能被动跟踪最大功率点实现发电系统的最大输出；光伏发电系统的电能不能直接使用，一般需要利用电力电子器件对其进行转换、逆变处理才能被有效利用。并网和独立光伏发电系统主要组成部分见表6-1。

表6-1 并网和独立光伏发电系统主要组成部分

	独立光伏发电系统	并网光伏发电系统
光伏组件（装机容量、阵列情况）	功率较小一般只需要几块组件	一般装机容量较大，需要对组件进行串并联连接，组件在几万块以上
汇流箱	不需要汇流设备	一般需要直流和交流汇流箱
控制器	需要控制器对蓄电池进行充放电控制	不需要，一般没有蓄电装置
逆变器	微型逆变器	大型逆变器
蓄电池	需要蓄电池储存电能	带蓄电池的具备可调度性；不带蓄电池的不具备可调度性

	独立光伏发电系统	并网光伏发电系统
负载	需要对固定负载进行供电	一般只需要对电站的必要用电设备进行供电，没有负载
并网	不需并网	需要一般并入高压电网，并网前会进行升压处理

第二节　光伏组件和光伏阵列

一、光伏组件的结构

光伏电池具有单片电压功率低、厚度极薄（μm级）、电极暴露在空气中易氧化、耐候性能差和安装运输困难等缺陷。这些缺陷决定了光伏电池必须要制成组件后才可以使用。光伏组件由光伏电池串并联，用钢化玻璃、EVA及TPT热压密封:而成。周围加装铝合金边框，具有抗风、抗冰雹能力强、安装方便等特性。

光伏组件主要有光伏电池、焊带、面板玻璃、EVA、TPT背板、铝合金、硅胶密封材料和接线盒八大核心组成部分。

（一）光伏电池

光伏电池是光电转换的最小单元，一般不单独作为电源使用。

能产生光伏效应的材料有许多种，如：单晶硅、多晶硅、非晶硅、砷化镓和铜铟镓硒等。作为半导体材料，它们的发电原理基本相同，现以晶体硅为例描述光电转换过程。光伏电池是由p型半导体和n型半导体结合而成（高纯度的硅材料加入三价的硼元素可形成p型半导体，加入五价的磷元素可形成n型半导体）。当太阳光照射到光伏电池表面上时，能量大于材料禁带宽度的光子能量被吸收，将价带中的电子激发到导带上去，成为自由电子，在价带中留下了一个带正电的空穴，即空穴-电子对。空穴-电子对运动到pn结的空间电荷区，被该区的内建电场分离，电子被扫到电池的n型一侧，空穴被扫到电池的P型一侧，从而在电池的上下两侧形成正负电荷积累，产生光生电压。此时在电池两端接上负载，将会有电流通过负载。

光伏电池表层结构主要包括：

1.负极主栅线。即前电极主栅线，起到收集细栅线上载流子和提供焊带焊接点的作用。主栅线要在保证足够的数量和宽度以高效收集载流子的基础上尽可能减少对太阳光的阻挡作用。主栅线主要通过丝网印刷方法制备。

2.细（副）栅线。细（副）栅线的主要作用是导出和收集光伏电池通过光生伏特效应所产生的载流子。与主栅线相同，细（副）栅线的制备方法也是丝网印刷。

3.减反射膜。减反射膜的作用是减少太阳光在光伏电池表面的反射，使得更多的太阳光被电池吸收；同时减反射膜还对硅片有保护和钝化作用，能增加光生电压，提高光伏电池性能。

4.正极主栅线。与负极主栅线类似，正极主栅线具有收集载流子，连接焊带以导出电流的作用。

5.背场（银铝浆）。背场的作用主要有：收集光伏电池产生的载流子；减少少数载流子在光伏电池背面复合的概率；可以作为背电极的一部分，与硅片形成重掺杂的欧姆接触；反射部分长波光子，增加短路电流。

在光伏电池行业发展初期，制作电池片的原料硅片价格昂贵，因此早期的电池片都是圆形，尽可能节约原料是早期生产电池节约成本的基础。近20年来，由于技术的成本不断降低，原材料价格下降，硅片的价格不再占有决定性地位，其他辅助材料价格不断上升，有的已经接近硅片价格的1/5。于是，可以大为节约辅助材料的准方形电池片应运而生。

近年来，采用常规工艺生产的光伏电池效率已经提升到接近理论极限，降低成本只能向着综合成本降低方向发展，开始出现了方形的单晶硅光伏电池。同时因为多晶硅的生产工艺特点，多晶硅光伏电池一直以方形在市场上应用。除此之外，因为多晶硅电池生产工艺不断改进，用多晶硅生产的电池片各方面性能指标接近于单晶硅生产的电池片而大量应用。

在标准测试条件下，光伏电池的最大功率=电池面积×光强×转换效率，说明在转换效率相同时，电池的功率与电池面积成正比。目前，工业上大批量生产的单晶硅和多晶硅光伏电池规格基本上都是5in和6in（1in=2.64mm），仅是对角线有所不同。

（二）焊带

焊带用于光伏组件内部光伏电池连接，包括互联条和汇流条。互联条的作用是将各个光伏电池串联起来，而汇流条的作用是将串联好的电池串接在一起，最后引出正负极连接在接线盒上。焊带由纯度较高的铜作为基材，在其表面涂上锡层，一方面防止铜基材氧化变色；另一方面方便于材料焊接到电池的主栅线上。焊带的选用标准是根据电池片的厚度和短路电流的多少来确定。焊带的宽度要和电池的主栅线宽度一致，焊带的软硬程度一般取决于电池片的厚度和焊接工具。手工焊接要求焊带的状态越软越好，软态的焊带在烙铁走过之后会很好地和电池片接触在一起，焊接过程中产生的应力很小，可以降低碎片率。但是太软的焊带抗拉力会降低，很容易拉断。对于自动焊接工艺，焊带可以稍硬一些，这样有利于焊接机器对焊带的调直和压焊。太软的焊带用机器焊接容易变形，从而降低产品的成品率。

焊带的规格通常与光伏电池的栅线规格相匹配，宽度通常有1.6mm、1.8mm、2.0mm、3.8mm、5.0mm等规格，大于2.0mm宽度的通常做汇流条使用。

焊带的常见包装方式有盘式包装、盒式包装和轴式包装等。

（三）面板玻璃

面板玻璃一般用钢化玻璃，它是用物理或化学的方法在玻璃表面形成一个压应力层，使玻璃本身具有较高的抗压强度。在光伏电池组件中采用低铁钢化绒面玻璃。该种玻璃在光伏电池光谱响应的波长范围内（320～1100nm）透光率达91%以上，对于大于1200nm的红外光有较高的反射率。此玻璃同时能耐太阳紫外光线的照射，透光率不下降。

钢化玻璃的作用主要有以下三点。

1.保护电池片、提高组件整体机械强度。

2.热稳定性好，可有效保护组件在恶劣条件下仍可使用。

3.高投光率、在保护电池片的前提下提高组件的转换效率。

光伏组件的钢化玻璃一般有如下要求：

1.强度高：抗压强度可达125MPa以上，比普通玻璃大4～5倍；抗冲击强度也很高。

2.弹性好：当钢化玻璃受到外力发生较大弯曲形变后，撤去外力后仍能恢复原状。

3.热稳定性好：在受极冷极热时，不易发生炸裂；耐热冲击，能承受200℃左右的温差变化。

（四）EVA胶膜

光伏组件封装用胶膜是以EVA（Ethylene Vinyl Acetate，乙烯基乙酸乙烯酯）为主要原料，添加各种改性助剂充分搅拌后，经热加工成型的薄膜状产品

EVA是一种热熔胶黏剂，厚度在0.4～0.6mm，表面平整，厚度均匀，内含交联剂。常温下无黏性且具有抗黏性；当加热到一定温度（140℃）时，交联剂分解产生自由基，引发分子间反应，形成三维网状结构，导致EVA胶层交联固化，并变至完全透明。

1.EVA胶膜一般要求。光伏电池EVA胶膜具有优良柔韧性、耐冲击性、弹性、光学透明性、低温绕曲性、黏着性、耐环境应力开裂性、耐候性、耐化学药品性、

热密封性；与玻璃黏合后能提高玻璃的透光率，起增透作用；并对光伏电池组件的输出功率有增益作用；常温下无黏性，便于裁切、叠层作业。

2.EVA的主要作用。封装电池片，防止外界环境对电池片的电性能造成影响；增强光伏组件的透光性，并对光伏组件的输出功率有增益；将钢化玻璃、电池片、背板黏结在一起，具有一定的黏结强度。

EVA的储存条件。温度不高于30℃、湿度小于60%的环境下密封保存，防重压，避光，避热，避潮。

4.常见EVA胶膜失效方式。

（1）发黄。EVA发黄由两个因素导致：第一主要是添加剂体系相互反应发黄；第二是EVA分子在氧气、光照条件下，EVA分子自身脱乙酰反应导致发黄。因此，EVA的配方直接决定其抗黄变性能的好坏。

（2）气泡。EVA胶膜中产生的气泡分为两种：第一种是在层压时出现气泡，这种情况一般与EVA的添加剂体系、其他材料与EVA的匹配性以及层压工艺均有关系；第二种是在层压后出现气泡，导致这种情况发生的因素众多，一般是由材料间匹配性差所导致。

（3）脱层。EVA胶膜发生脱层主要分为两种情况：一是胶膜与背板脱层；二是胶膜与玻璃脱层。与背板脱层的原因主要有交联度不合格、与背板黏结强度差等；与玻璃脱层的原因主要是硅烷偶联剂缺陷、玻璃脏污、硅胶封装性能差、交联度不合格等。

（五）背板

背板是用在光伏组件背面，直接与外环境大面积接触的光伏封装材料。背板材料一般是由多层高分子薄膜经碾压黏合起来的复合膜，主要由三层组成：含氟膜（或其替代物）+PET层（或其替代物）+与EVA黏结层（有含氟膜、改性EVA、PE、PET等）。

目前主流的背板材料有：TPT结构，含氟层+PET+含氟层；TPE结构，含氟层+PET+EVA（低VA含量）；APA结构，聚酰亚胺+PET+聚酰亚胺；AAA结构，三层聚酰亚胺复合。

最常用的TPT背板材料具有三层结构，即Tedlar/Polyester/Tedlar。内、外两层Tedlar复合材料的特性主要包括优异的抗紫外能力、较高的光反射率、优良的耐候性以及一定的黏结强度；中间层聚酯材料的特性主要有优异的绝缘性能和低水汽透过率。

TPT背板的作用主要有：保护、封装光伏组件，使其具有良好的抗侵蚀能力；增强光伏组件抗渗水性；延长光伏组件使用寿命；提高光伏组件的绝缘性能；白色的TPT背板还具有对人射到组件内部的光进行散射、提高组件吸收光的效率的作用，并且可以降低组件的工作温度，有利于提高组件的效率。由于背板长期暴露在外界环境中，易受环境的影响而失效。因此，背板的材质决定了光伏组件的使用年限。以下是常见的背板失效原因：

1.背板自身结构缺陷，导致使用年限不达标。主要表现为脆化、发黄、背板；破裂等。

2.层间胶黏剂缺陷，导致背板层间分层。主要原因是涂胶工艺稳定性问题、层间胶黏剂黏结强度不够或层间剥离力老化衰减快。

3.与EVA黏结层缺陷，导致脱层和发黄。主要原因是表面处理问题、EVA质量问题、交联度不达标、材料不耐老化等。

（六）铝合金

铝合金的主要作用是保护光伏组件的边缘。目前常采用铝镁矽合金阳极氧化型材。

阳极氧化，即金属或合金的电化学氧化，是将金属或合金的制件作为阳极，采用电解的方法使其表面形成氧化物薄膜。金属氧化物薄膜改变了铝合金表面状态和性能，如表面着色、提高耐腐蚀性、增强耐磨性及硬度、保护金属表面等。

铝合金边框的主要作用有：保护玻璃边缘；铝合金结合硅胶打边加强了光伏组件的密封性能；提高光伏组件的整体机械强度；便于光伏组件的安装和运输。

（七）硅胶

硅胶的主要作用是黏结、密封光伏组件。硅胶的外观为白色或乳白色的细腻、均匀的膏状物，无结块、气泡。硅胶具有弹性、高拉伸率；防水防潮，黏结、密封性能可靠；良好的电绝缘性能；良好的耐化学腐蚀、耐候性等优异性能。

硅胶的作用主要有：对光伏组件有减震作用，减少组件因外来撞击造成的碎裂；对光伏组件有密封作用，延长其使用寿命；黏结接线盒与TPT背板，起到固定接线盒的作用。

常见的硅胶失效方式包括：

1.自身老化。自身老化可导致封装不良。表现为硅胶表面发黄，弹性变差，或呈粉末状，霉变等。

2.剥离强度差。剥离强度差表现为接线盒不能承受相应拉力而剥落。

3.剪切强度差。剪切强度差导致封装不良。封装不良的具体表现为湿漏电测试不通过，湿热条件下组件边缘失效。

（八）接线盒

光伏组件接线盒是将光伏组件上由背板引出的正、负极与负载进行连接的专门电气盒。接线盒主要分为接线盒和连接器两部分。

接线盒具有以下八部分结构：1.正极连接器，用于连接电缆；2.连接线，用于传导电缆；3.负极连接器，用于连接电缆；4.盒盖，用于保护内部装置；5.二极管，用于单向导通；6.盒体卡孔，用于盒盖卡紧盒体；7.接线端子，用于连接背板引出线；8.正负极标识，用于标示正负极。接线盒应满足的要求有：

1.良好的抗老化、耐紫外线能力，符合室外恶劣环境条件下的使用要求。

2.线缆的连接采用钾接与紧箍方式，公母头的固定带有稳定的自锁机构，开合自如。

3.具有防水、防尘、触电保护设计。

常见的接线盒失效方式包括：

1.二极管失效指二极管被击穿，不能反向导通（或反向导通时电阻过大），结温过高。二极管失效会导致组件报废并引发火灾、组件阵列不能正常工作，甚至损坏等非常严重的后果。因此，除考虑二极管失效问题以外，在接线盒设计中还应考虑散热性能。

2.接线盒材料老化，主要体现在连接端子易被腐蚀、塑料螺母低温冲击易破裂等。

3.密封失效，密封圈老化或灌胶过程出现问题，导致湿漏电不通过。

二、光伏阵列的构成和性能

（一）光伏阵列的概述和建模

光伏阵列的基础是光伏电池。通常串联连接的光伏电池被封装在光伏组件中，以保护其免受天气影响。该光伏组件由钢化玻璃、密封剂、底片材料和周围的外边缘的铝框架组成。典型的光伏组件额定功率值涵盖100W到超过400W的范围。一个光伏组件可以产生的功率很难满足家庭或企业的需求，因此这些组件链接在一起形成一个阵列，被称为光伏阵列。大多数光伏阵列使用逆变器将阵列产生的直流电转换为交流电，从而可以为其他负载供电。

光伏电池作为最小单体。则光伏组件中由 $m \times n$ 个光伏电池组成。光伏组件进一步构成光伏阵列。光伏阵列中包含 $s \times p$ 力个光伏组件，包含 $m \times n \times s \times p$ 个光伏电池。

由3片光伏电池串联而形成的一块光伏组件，3片光伏电池的串联是为了有足够高的端电压。A点处是环境变量输入端，辐照量与环境温度以常量形式输入光伏电池模型B中，B区域就是光伏组件模型的核心，由三片模拟的光伏电池组成。而且每块光伏组件都并联着旁路二极管，这是为了减少阴影遮挡对组件的影响，避免功率损失与电池板发热。

C区域是一个饱和度模块，用来限制电流的大小，在这里被定为从0到无穷，这是为了剔除电流为负数的不正常情况。D区域的核心是一个控制电压源和一个斜坡信号输入，控制电压源的作用是将Simulink的输入信号转换为等效电压源。产生的电压由斜坡输入信号源的输入信号驱动。这两者结合用是来初始化电路，产生一个扫描电压来获得完整的电流电压与功率数据。原理是基于光伏电池的检测方法。E区域是数据记录区域，可以将模拟产生的地电气数据导入到MATLAB的工作区域，便于之后的分析处理。

阵列模型中：其中3片光伏电池串联成一组光伏组件，4个光伏组件并联形成一组小型光伏阵列，此处选取的模型由4个光伏组件串联而成，每个光伏组件又由3片光伏电池组成，一共包含12片光伏电池。此模型可以模拟一个简单的光伏阵列。

（二）光伏阵列出力的影响因素

影响光伏阵列性能的因素可以分为外部因素和内部因素。外部因素主要包括：辐照量、环境温度、湿度和风速等。内部因素主要包括：组件性能退化、连接失配、破坏性因素。

1.外部因素

太阳辐射强度是衡量太阳能资源丰富度的主要指标，指的是经过大气层的吸；收、各种物质的散射、反射后，单位面积单位时间内到达地球表面上的辐射能。我：国太阳能资源丰富，全国大部分地区年辐射在5000MJ/m²以上。我国大部分地区的；太阳辐射量夏季最强，春秋次之，冬季最弱。光照强度对光电压的影响很小。在温度固定的条件下，当光照强度在400～1000W/m²范围内变化，光伏组件的开路电压；基本保持恒定。而光伏组件的光电流与太阳辐照度成正比，在光强在100～1000W/m²范围内，光电流始终随光强的增长而增长。因此，光伏组件的功率与光强基本成正比。

温度的大小也影响着光伏组件输出，当光伏组件温度较高时，光伏组件输出功率下降从而导致效率也下降。温度的大小主要对光伏组件电压影响较大，大约温度每升高1℃，每个光伏电池的电压减小2mV。除此之外，温度对光伏组件电流大小的影响则相反，光电流随温度的增加略有上升，大约每升高1℃，每个光伏电池的光电流增加1%；所以随着光伏组件温度的上升，光伏电池的开路电压降低，而电池的短路电流略有增加，总体上则导致功率的下降。此外，太阳辐射量一般大部分转换为光伏电池的输出和热量。所以辐照度的上升也会导致光伏组件温度的上升。

灰尘也是影响光伏电站发电量众多因素之一。光伏组件的输出直接受到太阳辐射量的影响，而灰尘的积累对光伏组件接收太阳能能量起到了极大的阻碍。我国光伏产业发展迅猛，但是在某些西部地区春秋季节沙尘暴、扬尘肆虐，严重影响了光伏电站的系统效率。

灰尘主要由大气降尘带来，一般由自然因素或人为因素导致。自然因素主要是：因为风化等某些自然因素形成的微小灰尘颗粒借助风的作用飘浮在空气中最终沉积；人为因素主要指燃烧煤炭、汽车排放和建筑扬尘等。灰尘微粒形态不规则，成分主要是各种氧化物，通常直径小于 $500\mu m$。

灰尘在以下方面影响光伏电站的发电量：

（1）灰尘可以对反射、散射并吸收太阳光，这会影响光伏组件对太阳光的吸收，从而影响电站发电量。

（2）由于灰尘分布往往是不均匀的，这会使整个光伏阵列接收的光照不均匀，导致串并联失配，使发电效率降低。

（3）灰尘累积层相当于散热的阻挡层。如果组件温度较高，光伏电池的光电转；换效率也就较低，严重影响整个电站的电量输出。

（4）某些含有氧化物的灰尘对光伏组件具有一定的腐蚀效应，如果经过长时间的侵蚀之后板面会粗糙不平，这将进一步加剧灰尘的积累，增加太阳光的反射和散射，降低透光率。

2.内部因素

组件性能退化：组件性能的退化会导致光伏电池效率降低，致使光伏电站往往不能达到预期运行年数（一般是25年）。

光伏组件性能退化的原因如下：

（1）组件初始的性能衰减和初始故障。组件初始的性能衰减主要是指在各种光伏组件的光致衰减（LID，其中以非晶硅组件最甚），即转换效率在刚开始使用的几天内发生较大幅度的下降，但是随后逐渐稳定。常见的引起初始故障的因素包括接线盒故障、玻璃破裂、光伏电池连接缺陷、边框缺陷和分层等因素，一般由生产过程和安装过程的各方面因素造成，光伏组件安装投入运行后即存在。

（2）破坏性因素造成的故障。破坏性因素主要指光伏组件由于生产工艺问题造成的在运行过程中光伏组件的故障（焊接不良、封装工艺等，造成的初始失效除外），光伏组件施工过程中的隐形问题，光伏组件在实际运行环境受到的非正常条件下的激励，如阴影遮挡、热斑效应、表面污浊物附着和冰雹等恶劣气候等。

（3）光伏组件的老化衰减。指长期使用中，功率一般会慢慢下降。一般每年的衰减在0.8%左右，不同种类的光伏组件略有不同。多晶硅光伏组件1年内衰减率不应该超过2.5%，2年内衰降率不应该超过3.2%，单晶硅光伏组件1年内衰降不应超过3.0%，2年内衰降不应超过4.2%。

（4）光伏组件失配。生产工艺不精会导致不同组件之间功率及电流存在一定的偏差，包括串联失配和并联失配。单块组件失配对整个系统输出影响微弱，但对大型光伏电站而言组件失配问题就显得比较突出了。

由于制造差异以及光伏组件所经历的操作条件变化，光伏组件的电流/电压特性略有不同。因此，在光伏阵列中，各个单元的运行都会偏离其各自的最大功率。当光伏电池串联和并联连接时，这些变化会导致功率损耗。光伏阵列可用的最大功率输出与每个光伏组件的最大功率之和之间的差异来表示失配损耗（失配损失）。

引起光伏阵列不匹配主要有两个原因：光伏组件电气特性的差异和光伏阵列的非均匀性照射。其中：①光伏组件的电气特性可能由于制造商的公差或随着使用年限增大而变化；②当由于部分遮蔽、污染、不均匀照射和光伏组件性能退化而导致光伏组件阵列间发生不匹配时，光伏发电系统的输出功率将显著降低。

近年来，已经广泛讨论了部分遮蔽对光伏发电系统发电量的影响。部分遮蔽可能使光伏电池反向偏置，并且充当消耗其他光伏电池产生的电力的外部负载。这将降低光伏组件的输出功率，更严重的是，会带来热斑现象，从而永久性地损坏光伏组件。部分阴影可能由覆盖光伏组件表面的雪，树影或鸟粪等物体引起。移动云也可能导致这种现象。在分布式光伏系统中，为适合建筑物外墙的朝向，光伏组件接收到的太阳辐射也会存在差异，这种情况类似于部分遮蔽。在光伏阵列部分遮蔽的情况下，损失与阴影区域不成比例，其损失为非线性增加。

（三）光伏阵列中的旁路二极管和阻塞二极管

光伏阵列是由光伏组件按照系统需求串、并联而成，在太阳光照射下将太阳能转换成电能输出，它是光伏发电系统的核心组成部分。

光伏组件串联，要求所串联组件具有相同的电流容量，串联后的阵列输出电压为各个光伏组件输出电压之和，相同电流的光伏组件串联后其阵列输出电流不变。

光伏组件并联，要求所并联的所有光伏组件具有相同的输出电压，并联后的阵列输出电流为各个光伏组件输出电流之和，而电压保持不变。

在光伏阵列中二极管起到重要作用，常用的有旁路二极管和阻塞二极管。

当若干光伏组件串联成光伏阵列时，需要在每一个光伏组件两端并联一个二极管。这是因为当其中某个组件被阴影遮挡或出现故障而停止发电时，在二极管两端可以形成正向偏压，实现电流的旁路，不至于影响其他正常组件的发电，同时也保护光伏组件避免受到较高的正向偏压或由于热斑效应（由于污浊物附着在组件表面引起局部温度过高）发热而损坏。这类并联在组件两端的二极管称为旁路二极管。使用时需要注意极性，旁路二极管的正极与光伏组件的负极相连，旁路二极管的负极与光伏组件的正极相连，不可接错。平时旁路二极管处于反向偏置状态，基本不消耗电能。显然旁路二极管的耐压和允许通过正向电流应大于光伏组件的工作电压及电流。

在储能蓄电池或逆变器与光伏阵列之间要串联一个阻塞二极管，其作用是防止夜间或阴雨天光伏阵列工作电压低于其供电的直流母线电压时，蓄电池反过来向光伏阵列倒送电，因而消耗能量和导致阵列发热。

第三节　并网发电系统

并网系统（Utility System，Grid Connected System）就是将太阳能光伏系统与电力系统并网的系统，它可分为有反送电并网系统、无反送电并网系统、独立运行切换型系统、直、交流并网型系统、地域并网型系统等。

一、有反送电并网系统

有反送电并网系统太阳电池的出力供给负载后，若有剩余电能且剩余电能流向电网的系统，我们称之为有反送电并网系统。对于有反送电并网系统来说，由于太阳电池产生的剩余电能可以供给其他的负载使用，因此可以发挥太阳电池的发电能力，使电能得到充分利用。当太阳电池的出力不能满足负载的需要时，则从电力系统得到电能。这种系统可用于家庭的电源、工业用电源等场合。

二、无反送电并网系统

无反送电并网系统太阳电池的出力供给负载，即使有剩余电能，但剩余电能并不流向电网，此系统称为无反送电并网系统。当太阳电池的出力不能满足负载的需要时，则从电力系统得到电能。

并网式系统的最大优点是：可省去蓄电池。这不仅可节省投资，使太阳能光伏系统的成本大大降低，有利于太阳能光伏系统的普及，而且可省去蓄电池的维护、检修等费用，所以该系统是一种十分经济的系统。目前，这种不带蓄电池、有反送电的并网式屋顶太阳能光伏系统正得到越来越广泛的应用。然而，近年来由于地震、停电等原因，在并网系统中安装蓄电池的情况正在逐步增加，当电网停电时，太阳能光伏系统为负载提供电能。

三、切换型并网系统

切换型并网系统主要由太阳电池、蓄电池、逆变器、切换器以及负载等构成。正常情况下，太阳能光伏系统与电网分离，直接向负载供电，而当日照不足或连续雨天，太阳能光伏系统的出力不足时，切换器自动切向电网一边，由电网向负载供电。这种系统在设计蓄电池的容量时可选择较小容量的蓄电池，以节省投资。

四、独立运行切换型太阳能光伏系统（防灾型）

独立运行切换型（Grid Backed-up）太阳能光伏系统一般用于灾害、救灾等情况。通常，该系统通过系统并网保护装置（在功率控制器内）与电力系统连接，太阳能光伏系统所产生的电能供给负载。当灾害发生时，系统并网保护装置动作使太阳能光伏系统与电力系统分离。带有蓄电池的独立运行切换型太阳能光伏系统可作为紧急通信电源、避难所、医疗设备、加油站、道路指示、避难场所指示以及照明等的电源，向灾区的紧急负荷供电。

五、直、交流并网型太阳能光伏系统

直流并网型太阳能光伏系统，由于信息通信用电源为直流电源，因此，太阳能光伏系统所产生的直流电可以直接供给信息通信设备使用。为了提高供电的可靠性和独立性，太阳能光伏系统也可同时与商用电力系统并用。交流并网型太阳能光伏系统，它可以为交流负载提供电能。图中，实线为通常情况下的电能流向，虚线为灾害情况下的电能流向。

六、地域并网型太阳能光伏系统

传统的太阳能光伏系统主要由太阳电池、逆变器、控制器、自动保护系统、负荷等构成。其特点是太阳能光伏系统分别与电力系统的配电线相连。各太阳能光伏系统的剩余电能直接送往电力系统（称为卖电）；各负荷的所需电能不足时，直接从电力系统得到电能（称为买电）。

传统的太阳能光伏系统存在如下的问题：

（一）孤岛运行问题

所谓孤岛运行问题，是指当电力系统的某处出现事故时，尽管将此处与电力系统的其他线路断开，但此处如果接有太阳能光伏系统的话，太阳能光伏系统的电能会流向该处，有可能导致事故处理人员触电，严重的会造成人身伤亡。

（二）电压上升问题

由于大量的太阳能光伏系统与电力系统集中并网（Centralized PV System），晴天时太阳能光伏系统的剩余电能会同时送往电力系统，使电力系统的电压上升，导致供电质量下降。

（三）太阳能发电的成本问题

目前，太阳能发电的价格太高是制约太阳能发电普及 PV 的重要因素，如何降低成本是人们最为关注的问题。

（四）负荷均衡问题

为了满足最大负荷的需要，必须相应地增加发电设备的容量，但这样会使设备投资增加，不经济。

为了解决上述问题，著者提出了地域并网型太阳能光伏系统（Grid Systemin Community）。各负荷、太阳能发电站以及电能储存系统与地域配电线相连，然后在某处接入电力系统的高压配电线。

太阳能发电站可以设在某地域的建筑物的壁面，学校、住宅等的屋顶、空地等处，太阳能发电站、电能储存系统以及地域配电线等设备可由独立于电力系统的第三者（公司）建造并经营。

该系统的特点是：

1.太阳能发电站（可由多个太阳能光伏系统组成）发出的电能首先向地域内的负荷供电，有剩余电能时，电能储存系统先将其储存起来，若仍有剩余电能则卖给电力系统；太阳能发电站的出力不能满足负荷的需要时，先由电能储存系统供电，仍不足时则从电力系统买电。这种并网系统与传统的并网系统相比，可以减少买、卖电量。太阳能发电站发出的电能可以在地域内得到有效利用，提高电能的利用率。

2.地域并网太阳能光伏系统通过系统并网装置（内设有开关）与电力系统相连。当电力系统的某处出现故障时，系统并网装置检测出故障，并自动断开开关，使太阳能光伏系统与电力系统分离，防止太阳能光伏系统的电能流向电力系统，有利于检修与维护。因此这种并网系统可以很好地解决孤岛运行问题。

3.地域并网太阳能光伏系统通过系统并网装置与电力系统相连，所以只需在并网处安装电压调整装置或使用其他方法，就可解决由于太阳能光伏系统同时向电力系统送电时所造成的系统电压上升问题。

4.由上述的特点1可知，与传统的并网系统相比，太阳能光伏系统的电能首先供给地域内的负荷，若仍有剩余电能则由电能储存系统储存，因此，剩余电能可以得到有效利用，可以大大降低成本，有助于太阳能发电的应用与普及。

5.负荷均衡问题。由于设置了电能储存装置，可以将太阳能发电的剩余电能储存起来，可在最大负荷时电能储存装置向负荷提供电能，因此可以起到均衡负荷的作用，从而大大减少调峰设备，节约投资。

七、太阳能直流系统

太阳能发电、燃料电池发电、蓄电池等产生的直流电能与交流配电、系统并网时需要通过逆变器转换成交流电，同样由于电力公司供给家庭等用户的负载一般为交流电能，而太阳能光伏系统所发电能为直流，当一般家庭等用户使用太阳能发电的电能时需要将直流转换成交流，电能转换时会产生电能损失。但另一方面，许多电器，如变频空调等家电在其内部将交流电能转换成直流电能使用，如果使用太阳能发电的电能时则需进行二次转换，在转换过程中也将会产生电能损失。

随着LED照明、直流电视等家电的应用，将来有望直接使用太阳能发电等所发直流电能，这样不仅可省去电能转换，节省大量的电能，而且可省去逆变器等装置，降低成本，有利于太阳能光伏系统的应用和普及。特别是随着信息化社会的急速发展，IT领域直流电能消费量也在急剧上升，因此，直流节能房，最佳直流化技术的研发值得期待。

另外，现在的屋顶并网型太阳能光伏系统中一般未使用蓄电池等电力储存系统，而是将剩余电能直接送入电网，当太阳能光伏系统高密度、大规模普及时将会对电网的稳定、供电质量等产生较大影响。为了避免上述问题，并考虑到地震等自然灾害、电力不足停电等情况，有必要安装如蓄电池等备用电源。

分散电源发电所产生的直流电能不必转换成交流，而是直接使用直流的供电系统，可提高使用能源的效率。为了实现这一目的，直流供电方式、变电装置以及蓄电装置等的开发、控制方式的开发必不可少。

为了避免太阳能光伏系统高密度、大规模普及时发电出力的变动对电力系统的电压、频率等的影响，并使太阳能光伏发电所发电能有效地被利用，以前笔者曾提出了交流地域并网型太阳能光伏系统。为了解决以上问题，又提出了直流地域并网型太阳能光伏系统以及太阳能发电直流系统，直流地域配电线以及带蓄电池的光伏系统。这些直流系统具有节能、有效利用电能、降低蓄电池容量以及二氧化碳减排效果显著等特点，将来有望得到广泛应用和普及。本节将介绍直流地域并网型太阳能光伏系统和太阳能发电直流系统等。

（一）直流地域并网型太阳能光伏系统

直流地域并网型太阳能光伏系统中的直流地域配电线由独力的电力企业设置，

在各屋顶太阳能光伏系统中设置了蓄电池，各太阳能光伏系统直接与直流地域配电线相连，然后整个直流太阳能光伏系统在并网点接入电网。

在直流太阳能光伏系统中，与直流地域配电线相连的各太阳能光伏系统之间可进行电能融通、互补，即地域内的某家庭电能有剩余电能时可通过直流地域配电线为电能不足的家庭提供电能，地域全体电能不足时则由电网补充。相反，地域全体有剩余电能时则由蓄电池储存，如果超过蓄电池的储存容量则送入电网。可见，在直流太阳能光伏系统中各太阳能光伏系统之间通过地域配电线可进行直流电能融通、互补，并有效利用太阳能光伏系统所发电能，减少与电网的电能交换，从而减少或避免对电网的影响。

在这种直流太阳能光伏系统中，太阳电池所发直流电能直接供给直流负载，不需要交直转换，可减少电能损失，与现在的太阳能光伏系统比较电能损失较小，有剩余电能时由蓄电池储存。作为交流负载向直流负载的过渡，这里保留了交流负载，并使用逆变器将直流电能转换成交流电能供交流负载使用。如果将来家庭全部使用直流家电，则可省去逆变器及交流负载部分。

（二）太阳能直流系统

著者提出的太阳能发电直流系统的构成由太阳能光伏发电站、DC-DC电能变换装置、直流开关、直流线、电能储存系统、直流负载、电动车和电动摩托车，电动自行车等组成。另外，图中也加入了风能发电、氢能制造系统、燃料电池等，以满足使用风能等可再生能源发电以及提高供电可靠性的需要。

太阳能发电直流系统具有不依赖电网、可实现自产自销、独立供电的功能，没有电能二次转换，电能损失小、成本低、管理、维护方便，可减少环境污染等特点。

第四节　独立系统

独立型太阳能光伏系统（Stand-alone PV System）是指其不与电力系统并网而独立存在的系统。根据负载的种类、用途的不同，系统的构成也不同。独立系统一般由太阳电池、充放电控制器、蓄电池、逆变器以及负载（直流负载、交流负载）等构成。其工作原理是：如果负载为直流负载，太阳电池的出力可直接供给直流负载；如果为交流负载，太阳电池的出力则通过逆变器将直流转换成交流后供给交流负载。蓄电池则用来储存电能，当夜间、阴雨天等太阳电池无出力或出力不足时，则由蓄电池向负载供电。

独立系统由于负载只有太阳能光伏系统供电，且太阳能光伏系统的出力受诸如日照、温度等气象条件的影响，因此当供给负载的电力不足时，这时需要使用蓄电池来解决这一问题。由于太阳电池的出力为直流，一般可直接用于直流负载。当负载为交流时，还需要使用逆变器，将直流转换成交流供给交流负载。由于蓄电池在充放电时会出现损失且维护检修成本较高，因此，独立型太阳能光伏系统容量一般较小，主要应用于时钟、无线机、路标、岛屿以及山区无电地区等领域。

一、独立系统的用途

独立系统一般适用于下列情况：

1.需要携带的设备，如野外作业用携带型设备的电源；

2.夜间、阴雨天等不需电网供电；

3.远离电网的边远地区；

4.不需要并网；

5.不采用电气配线施工；

6.不需要备用电源。

一般来说，远离送、配电线而又必需电力的地方以及如柴油发电需要运输燃料、发电成本较高的情况下使用独立系统比较经济，可优先考虑使用独立系统。

二、独立系统的构成及种类

独立型太阳能光伏系统根据负载的种类，即是直流负载还是交流负载，是否使用蓄电池以及是否使用逆变器可分为以下几种：直流负载直连型、直流负载蓄电池使用型、交流负载蓄电池使用型、直、交流负载蓄电池使用型等系统。下面分别介绍这些系统的构成和用途。

（一）直流负载直连型系统

直流负载直连型系统，太阳电池与负载（如换气扇、抽水机）直接连接。由于该系统是一种不带蓄电池的独立系统，它可以在日照不足时、太阳能光伏系统不工作时也无关紧要的情况下使用。例如灌溉系统、水泵系统等。

（二）直流负载蓄电池使用型系统

直流负载蓄电池使用型系统由太阳电池、蓄电池、充放电控制器以及直流负载等构成。蓄电池用来储存电能以供负载使用，白天，太阳能光伏系统所产生的电能供负载使用，有剩余电能时则由蓄电池储存，夜间、阴雨天时，则由蓄电池向负载供电。这种系统一般用在夜间照明（如庭园照明等）、交通指示用电源、边远地区设置的微波中转站等通信设备备用电源、远离电网的农村用电源等场合。

（三）交流负载蓄电池使用型系统

交流负载蓄电池使用型系统由太阳电池、交流负载、逆变器、蓄电池以及充放电控制器等构成。该系统主要用于家庭电器设备，如电视机、电冰箱等。由于这些设备为交流设备，而太阳电池的出力为直流，因此必须使用逆变器将直流电转换成交流电。当然，根据不同的系统，也可不使用蓄电池，而只在白天为负载提供电能。

（四）直、交流负载蓄电池使用型系统

直、交流负载蓄电池使用型系统由太阳电池、直流负载、交流负载、逆变器、蓄电池以及充放电控制器等构成。该系统可同时为直流以及交流电器等，如电视机、计算机等提供电能。

由于该系统为直流、交流负载混合系统，除了要供电给直流设备之外，还要为交流设备供电，因此，同样要使用逆变器将直流电转换成交流电。

第五节　混合系统

太阳能光伏系统与其他系统（如风力、集热器、燃料电池等）组成的系统称为混合系统。混合系统主要适用于以下情况：即太阳电池的出力不稳定，需使用其他的能源作为补充时以及太阳的热能作为综合能源加以利用时的情况。混合系统一般可分成现地电源混合系统，光、热混合太阳能系统以及太阳能光伏、燃料电池系统等。现地电源混合系统是指由太阳能光伏系统与风力发电、水力发电以及柴油机发电等组成的系统。

一、光、热混合太阳能系统

日常生活中所使用的电能与热能同时利用的太阳光–热混合集热器（Collector）就是其中的一例。光、热混合太阳能系统用于住宅负载时可以得到有效利用，即可以有效利用设置空间、减少使用的建材以及能量回收年数、降低设置成本以及能源成本等。

太阳光–热混合集热器具有太阳能热水器与太阳电池方阵组合的功能，它具有如下特点：

1.太阳电池的转换效率大约为17%（如晶硅系电池），加上集热功能，太阳光–热混合集热器可使综合能量转换效率提高；

2.集热用媒质的循环运动可促进太阳电池方阵的冷却效果，可抑制太阳电池芯片随温度上升转换效率的下降，提高转换效率和出力。

二、太阳能光伏、燃料电池系统

太阳能光伏、燃料电池系统由太阳能光伏系统、燃料电池系统构成，燃料电池可使用通过太阳能分解水而得到的氢气。该系统可以综合利用能源，提高能源的综合利用率。目前，燃料电池的综合效率已达40%以上，将来可作为个人住宅电源使用。太阳能光伏、燃料电池系统由于使用了燃料电池发电，因此可以节约电费、明显降低二氧化碳的排放量、减少环境污染。

第六节　光伏发电系统的应用

一、分类

光伏发电系统主要分为独立运行和并网运行两大类。

（一）独立光伏发电系统应用

独立光伏发电系统多用于偏远山区、戈壁滩、边防哨所及小岛等电网难以覆盖的地区，也可以作为便携式移动电源对通信站、气象台等特殊场所供电。

独立光伏发电系统在工业领域的应用主要包括通信、交通、石油、海洋、航天和气象领域等。通信领域的应用主要包括无人值守微波中继站，光缆通信系统及维护站，移动通信基站，广播、通信、无线寻呼电源系统，卫星通信和卫星电视接收系统，农村程控电话、载波电话光伏系统，小型通信机，部队通信系统，士兵单兵装备供电等。交通领域包括公路、铁路、航运等交通领域的应用。如铁路和公路信号系统，铁路信号灯，交通警示灯、标志灯、信号灯，太阳能路灯，高空障碍灯，高速公路监控系统，高速公路、铁路无线电话亭，无人值守道班供电，航标灯灯塔和航标灯电源等。石油、海洋、航天和气象领域的应用包括石油管道阴极保护和水库闸门阴极保护太阳能电源系统，石油钻井平台生活及应急电源，海洋检测设备，气象和水文观测设备，卫星、航天器、空间太阳能电站和观测站电源系统等。

目前，部分农村和边远地区经济不发达，很难依靠延伸常规电网来解决用电问题，而这些地区往往太阳能资源十分丰富，应用太阳能发电大有可为。在农村和边远地区的电气化应用包括在高原、海岛、牧区、边防哨所等农村和边远无电地区应用太阳能光伏户用系统、小型风光互补发电系统等解决日常生活用电问题，如照明、电视、收录机、DVD、卫星接收机等的用电，也解决了手机、手电筒等随身小电器充电的问题，发电功率大多在几瓦到几百瓦。应用太阳能光伏水泵，解决了无电地区的深水井饮用、农田灌溉等用电问题。另外还有太阳能喷雾器、太阳能电围栏、太阳能黑光灭虫灯等应用。

将太阳能电源系统与产品安装在一起，这样就不需要与电网相连，方便使用。光伏发电的产品包括照明设备、电子产品等。照明产品包括太阳能路灯、庭院灯、草坪灯，太阳能景观照明，太阳能路标标牌、信号指示、广告灯箱照明、野营灯、登山灯、垂钓灯、割胶灯、节能灯、手电以及家庭照明灯具等。太阳能电子商品包括太阳能收音机、太阳能钟、太阳帽、太阳能充电器、太阳能手表、太阳能计算器、太阳能玩具等。

另外，其他领域的应用包括太阳能电动汽车，电动自行车，太阳能游艇，电池充电设备，太阳能汽车空调、换气扇、冷饮箱等；还有太阳能制氢加燃料电池的再生发电系统，海水淡化设备供电等。

（二）并网光伏发电系统应用

并网运行的光伏系统则将产生的直流电能逆变成交流的电能并通过电网输送出去，该系统与电网之间存在着功率的联系。有光照时，逆变器将光伏系统所发的直流电逆变成正弦交流电，将产生的电能并入电网；没有光照时，负载用电全部由电网供给。但是系统中需要专用的并网逆变器，以保证输出的电力满足电网对电压、频率等性能指标的要求。这种并网运行的光伏系统的发展方向有两种，一种是大型的光伏发电站，另一种是光伏建筑一体化。

大型光伏发电系统（电站）一般是指接入电压等级在66kV及以上电网，容量在1MW以上的并网光伏发电系统。当前的大型并网光伏电站技术，是通过标准化的技术应用，对集中的光伏组件产生的直流电流进行收集，并通过电流转化工作，产生我们生活用电环境中的交流电，接入公共电网实现并网发电。一般充分利用荒漠地区丰富和相对稳定的太阳能资源构建大型光伏系统，接入高压输电系统供给远距离负荷。

光伏建筑一体化是分布式光伏发电利用的一种形式。光伏建筑一体化的形式可分为两大类：一类是光伏组件与建筑结合（又称普通型光伏构件，BAPV），即光伏组件依附于建筑物上，建筑物主要作为光伏组件载体；另一类是光伏组件与建筑集成（又称建材型光伏构件，BIPV），即光伏组件与建筑集成后成为不可分割的建筑构件，可以代替部分建筑材料使用。光伏组件与建筑材料融为一体，采用特殊的材料和工艺手段，将光伏组件做成屋顶、外墙、窗户等形状，可以直接作为建筑材料使用，既能发电，又可作为建材，一举两得，能够进一步降低发电成本。

（三）混合光伏发电系统应用

混合光伏发电系统是指在光伏发电系统中引入几种不同的发电方式，为负载提供稳定的电源。混合光伏发电系统在实际应用中可以充分利用不同发电技术的优势。比如光伏发电系统不需要太多的维护，但是对天气的依赖性很大，稳定性较差。冬季，大风力发电区存在日照差异。混合发电系统可以由光伏发电系统和风力发电系统组成，在不太依赖天气的情况下有效控制负荷缺电率。例如风光互补系统可以将光伏发电、风电机组和蓄电池有效组合，可以有效地解决单一发电不连续问题，保证基本稳定的供电。渔光互补是将渔业养殖与光伏发电相结合，在鱼塘水面上方架设光伏阵列，在光伏组件下方水域进行鱼虾养殖，利用光伏阵列遮挡以减少水分蒸发，涵养水草、降低水温，从而有利于渔业生产，形成"上可发电、下可养鱼"的发电新模式，既促进一水两用，也提高了单位土地经济效益，实现了土地资源的节约、集约利用。

二、应用

（一）通信基站光伏发电系统

随着我国电信事业的迅速发展，通信网络的规模在不断扩大。而目前我国有些偏远地区的基站主要由农电、小水电来支持，甚至有些地区（如某些海岛、戈壁等边远地区）根本没有电力供应。因此对于分布面广，维护工作量大的通信基站来说，光伏发电系统就成为通信基站供电形式的最佳选择。

光伏阵列将太阳能转换为直流电，通过变换器为各部分负载供电。由于通信基站的通信设备大多都需要直流电源供电，因此通过光伏组件的串联或并联向负载供电。太阳能通信电源系统的储能单元一般采用铅酸密封阀控式蓄电池组成的电池组，主要作用是储备由太阳能转换来的电能，当光伏发电的电能不足时将电能释放出来供负载使用。通信基站光伏发电系统中的蓄电池，其运行温度随周围环境的变化而变化，并且安装地点不同，温差很大，因此要选用抗高低温特性好的蓄电池，同时选配的蓄电池组除具有储能的功能外，还应具备一定的系统稳压器的功能。为防止光伏阵列对蓄电池组过度充电和蓄电池对负载的过度放电，一般应设置相应的控制器，该控制器除了以上的功能外还应具备一些蓄电池的维护管理功能。柴油机组供电部分经变流、整流等环节，在主供电方式（太阳能供电）无法满足使用的情况下为负载供电。

（二）用户电源

普通用户安装一个小型独立光伏电站，自发自用，不与电网连接。用户电源系统在阳光照射强度、设备安装地点、居民日常用电负载等约束性条件确定的情况下，设计安装户用光伏发电系统，设计的内容涉及整个系统组成设备的确定选型。设计定型户用光伏发电系统的主要流程是由于光伏发电系统的高效运行对安装场地的依赖程度高，需优先做好户用光伏发电系统设备最佳安装地点的选取工作，一般选择阳光照射强度大，照射时间较长的地方，比如无遮挡的地面或可靠承载的屋顶，主要考虑安装场地的承载能力和阴影遮挡问题来确定用户是否适合安装小型的光伏发电系统。若用户有适合安装光伏发电系统设备的场地，则可对居民日常用电负载量进行分析计算并结合当地的阳光照射强度与时长来确定光伏发电系统的适宜装机容量；梳理项目安装地点、用电负载需求、装机容量等情况出具初步规划建议书；进一步完成发电设备选型并编制项目工程指导性技术方案和现场施工安装方案。

（三）光伏温室滴灌系统

随着光伏发电的普及，现代农业中也应用到光伏发电技术。通过光照强度传感器实现温室外环境的光照强度数据采集，并将采集到的数据输入单片机进行处理，再根据光照强度数据调节温室光伏组件的朝向。光照过强时，棚内植物光合作用下降，光伏组件平铺为植物遮挡强光。光伏组件白天发电储存到蓄电池，夜间利用蓄电池储存电能对植物继续进行照明，提高植物的光合作用效率，进而促进植物生长。阴雨天气时，集水槽收集温室外雨水，将水储存在水箱中，系统通过温度传感器和土壤湿度传感器等传感模块监测植物生长的温度、土壤湿度等数据，当土壤湿度低于设定阈值时，系统将驱动水泵从水箱中抽水，及时进行滴灌处理。系统设置了一个控制终端，能够在LCD屏上显示温湿度、光强等数据。当遇到台风、暴雪等特殊天气时，控制终端通过按键关闭"光感通道"，开启手动模式，控制光伏组件的旋转和平铺，同时可以控制温室内的照明灯组。

（四）LED光伏照明系统

光伏组件和LED均由半导体材料构成，半导体材料技术的日益完善推动了太阳能和LED的进一步发展。将光伏发电和LED相结合，提出了一种独立式光伏照明系统的解决方案，设计了高效率的大功率白光LED驱动模块。系统在白天通过光伏组件将太阳能转换成电能存储起来，然后在晚上供给照明设备。该系统采用了阀控密封铅酸蓄电池（VRLA）作为电能存储设备，同时将大功率白光LED作为照明设备。充电管理模块对光伏阵列进行最大功率点跟踪（MPPT），并对蓄电池进行充电，LED驱动模块采用蓄电池中的电能对大功率白光LED阵列进行驱动；系统采用微控制器进行MPPT控制、蓄电池充电管理和LED驱动控制。

采用的充电控制策略如下：在开始充电时先设定一个最大允许充电电流，例如C/10（C为蓄电池的容量），然后不断地检测蓄电池电流，只要充电电流不大于最大允许充电电流即可。与此同时，不断检测蓄电池电压，当该电压达到2.4V/单体电池，说明蓄电池已进入过充状态，此时应减小设定的最大充电电流，例如改为C/20，并重复上述过程。一直到充电电流达到C/100时，表明蓄电池已达到100%充满状态。该充电控制方法采用电流控制，在任何充电阶段只要充电电流在最大允许值范围内，均可以采用MPPT充电控制方法。该方法在不超过最大允许充电电流的前提下，使光伏阵列向蓄电池充电输出最大功率，提高了光伏阵列的利用率。

LED端电压的微小变化会引起较大的电流变化和亮度变化，故LED的驱动应尽可能地保持电流恒定。由于LED的工作电源由蓄电池提供，因此它在工作时输出的电压并非恒定，而是在一定范围内变化，所以要求驱动电路能够在较宽的输入电压范围内均能正常工作。同时系统通过照度传感器实时地自动采集当前环境光照度并反馈至控制器中，控制器根据检测到的当前环境光照度进行判断，然后调整输出占空比和LED亮度，从而维持照度的稳定。

（五）并网光伏发电系统

并网光伏发电系统分为集中式并网光伏发电系统和分布式并网光伏发电系统。分布式并网光伏发电系统是指在用户现场或靠近用户现场，采用光伏组件，将太阳辐射能直接转换为电能的发电系统。其特点在于分布式光伏发电系统通过并网逆变器和一些电力保护装置连接到电网上，其电力与电网电力混合在一起向负载供电，多余或不足的电力通过电网来调节。集中式并网光伏发电系统的特点在于光伏发电系统发的电逆变成交流后通过升压变压器直接被输送到高压电网上，由电网把电力统一分配到各个用户，大型光伏电站采用这种形式。分布式并网光伏发电系统的优点就是就地发电就地使用，很适合家庭、住宅小区和办公楼进行光伏利用，不但节省了长距离大容量的输电线缆和线损，而且可以就地解决故障。并网光伏发电系统不使用蓄电池，配置简单，施工方便，自身损耗电力少，采用并网发电方案考虑到并网系统在安装及使用过程中的安全及可靠性，在并网逆变器直流输入加装直流配电接线箱。并网逆变器采用三相四线制的输出方式。

（六）风光互补发电系统

太阳光在白天强度较高，风强度较低，而在晚上，光照性较弱，但风强度较大；夏季太阳光照强度大而风强度低，冬季太阳光强度减弱风强度增加。因此，风能以及太阳能时间分布上的互补使得风光互补发电系统在资源利用上具有更好的互补性。风电系统借助风能带动发电机转变为电能，光伏发电系统是将太阳能转变为电能，风光互补系统结合两种系统的特点和优势，进而实现资源的最优化配置。

　　在风光互补发电系统中，风能和太阳能可以独立发电也可以混合共同发电，具体要采用哪种发电形式，主要取决于当地的自然资源条件和发电的综合成本这两方面。通常情况下，在风能资源较丰富的地区宜采用风能发电，而在光照较好的地区宜采用光伏发电。因此，根据风能和太阳能在时间和地域上的互补性，合理地将两者进行最佳匹配，可实现供电的可靠性。由于风能和太阳能的不稳定性和间歇性，供电时会出现忽高忽低、时有时无的现象。为了保证系统供电的可靠性，应该在系统中设置储能环节，把风力发电系统或光伏发电系统发出的电能储存起来，以备供电不足时使用。目前，最经济方便的储能方式是采用铅酸蓄电池储能，在系统中蓄电池将电能转化成化学能储存起来，使用时再将化学能转化为电能释放出外，还起到能量调节和平衡负载的作用。控制部分主要是根据风力大小、光照强度及负载变化情况，不断地对蓄电池组的工作状态进行切换和调节。风光互补控制器，是整个系统中最重要的核心部件，对蓄电池进行管理与控制。一方面把调节后的电能直接送往直流或交流负载；另一方面把多余的电能送往蓄电池组储存起来，当发电量不能满足负载需要时，控制器把蓄电池储存的电能送给负载。在这个过程中，控制器要控制蓄电池不被过充或过放，保护了蓄电池的使用寿命，同时也保证了整个系统工作的连续性和稳定性。由于蓄电池输出的是直流电，它只能给直流负载供电。而实际生活和生产中，用电负载有直流和交流负载两种，当给交流负载供电时，必须将直流电转换成交流电提供给用电负载。逆变器就是将直流电转换为交流电的装置，它也是风光互补发电系统的核心部件之一，系统对其要求也很高。同时逆变器还具有自动稳压的功能，可有效地改善风光互补发电系统的供电质量。

第七章　太阳能电池的应用

美国贝尔实验室三位科学家于1954年研制成功世界上第一个实用型单晶硅PN结太阳能电池，这标志着太阳能电池应用研究进入了一个新的历史阶段。1958年首颗以太阳能电池为信号系统电源的人造地球卫星–美国先锋1号卫星发射上天，开启了太阳能电池作为空间电源应用的新纪元。1973年能源危机的爆发以及环境污染的日益严重，使得人们清楚地意识到化石能源的有限性和使用后严重的环境危害性。这样，大力发展太阳等可再生能源的必要性和紧迫性被提上了日程。为此，以美国为首的西方国家投入大量的人力、物力、财力支持地面用太阳能电池的研究，并在全世界范围内掀起了开发、利用太阳能电池的热潮，也由此拉开了太阳能电池走向地面应用的序幕。1997年京都议定书协议的签订，更是将光伏发电的应用推向另一个高峰，随后便有了美国的百万屋顶计划、德国的十万屋顶计划等，自那时起，全世界的太阳能电池的产量便以30%多的增长率高速发展。太阳能电池在地面的应用已经非常广泛，主要集中在照明、通信、交通等领域。而光伏发电与建筑物的结合以及并网发电是太阳能光伏发电成为重要能源组成部分的主要应用形式，是当今光伏地面应用新的趋势。

第一节　太阳能电池在交通领域内的应用

一、太阳能电池在高速公路上的应用

高速公路的供电系统在高速公路安全运营中起着非常关键的作用。在市电未及的地区，如果使用市电，拉设公共电网的费用很高，如果使用太阳能电池对高速公路供电既节能环保又经济安全，有以下应用形式。

1.偏远服务区中建设光伏发电站或者利用光伏–柴油机混合系统来满足服务区

中的照明、餐饮等电力需要。

2.紧急电话系统视频监控电源。

3.可变情报板。

4.太阳道钉。

二、太阳能电池在其他交通领域中的应用

太阳能电池在其他交通领域中的应用如下：

1.太阳猫眼警示灯。

2.太阳路障灯。

3.太阳道路边缘指示器。

4.太阳航标灯。

国内首次太阳地面应用即为天津港太阳航道浮标灯，目前我国沿海从南到北，基本上实现了航标太阳能电池化，有些内河航标也采用了太阳能电池供电，如漓江，从桂林市至阳朔一线全是太阳能电池航标灯。图7-1所示为太阳浮标灯。

图 7-1　太阳浮标灯

第二节　太阳能电池在通信领域内应用

太阳能电池发电系统在工业领域的应用最成熟体现在通信领域，多用于无人值守微波中继站、光缆维护站、电力/广播/通信/寻呼电源系统、农村载波电话光伏系统、小型通信机、士兵GPS供电等。

作为通信级电源，在规模方面最有希望的是微波通信，特别是许多微波/光缆通信网的中继站，大部分设置在沙漠或者山间辟地，由于很多是无人值守站，其应用范围也变得十分广泛。

在遥测仪器系统应用方面，河坝管理的遥测仪器系统、无人无线中继站电源使用太阳能电池比较多。

由于电视信号的覆盖有限，许多边远城镇、山区、海岛不易接收电视节目，在没有卫星转播的情况下，采用电视差转台的办法简易可行。但是电视信号差转机一般建立在高山上，电源又是一个问题。采用太阳能电池供电取得了较好的社会效益。

作为电力通信的微波中继站电源，太阳能电池扮演着重要角色。

第三节　太阳能电池在太空中的应用

一、空间电源

太阳能电池最早应用于太空，作为人造卫星的电源，后来才普及到地面上来。图 7-2 所示为太阳能电池在飞行器上的应用。由于太阳能电池能长期在大范围阳光光强和温度下工作，还具有高可靠性、高效率、长寿命和良好的抗辐射性能等优点，使得它作为一种较为理想的空间电源得到了广泛的应用。至今人类发射到外太空的各类飞行器绝大部分使用太阳能电池作为主要电源。

图 7-2　人造地球卫星上的太阳能电池

过去几十年中空间电源用太阳能电池发展概况如表 7-1 所示。从表 7-1 中可见，高效率的硅和 GaAs 太阳能电池是人造卫星的首选。

表 3-1　空间电源用太阳能电池的发展历史

发射年份	卫星名称	材料	转换效率/%	性能
1958	Vanguard	N/P 晶体硅	7~8	输出功率大
20世纪60年代	Telstar	N/P 晶体硅	12	后期引入 BSF 技术和锂原子掺杂技术
20世纪70年代		Cz 晶体硅 无定形硅	13~14	具有高截流子寿命和低的含氧量
20世纪80年代	美国军用卫星	高效硅 Ⅲ-Ⅴ化合物 P/N GaAs GaAs/Ge Inp	17.5 16~78 18~21 18	很高的少子寿命高效、大尺寸、可耐550℃高温30min
20世纪90年代	24颗 GPS 66颗 Iridium	标准硅 二级 GaAsGe 三级 GaAsGe	21~22 24	价格便宜，为 GaAs Ge 的1/6~1/9高效、高抗辐射、可多次使用，价格高

我国"神五""神六""神七"载人飞船的发射成功已经成为全世界的佳话，但是很少人知道飞船上所需的电能正是由太阳能电池提供的。飞船脱离运载火箭进入太空后，展开的光伏组件就像飞船的一对翅膀一样，将太阳转化成电能，为飞船上的电器设备提供能源。

二、空间太阳电站

1968年，美国科学家彼得·格拉泽提出一个惊人的设想：通过利用卫星建立起来的太空电站借助微波辐射向地面源源不断地传输电能。太空太阳电站的优点很多：首先，在宇宙空间接收到的太阳辐照量比在地球上至少多4倍。其次，太空不受纬度、地理环境、云层等因素的影响。空间太阳电站建造费用高，但是运行成本低，空间太阳电站包括三个部分：主要由太阳能电池组成的大面积的太阳收集器、人造卫星上的微波天线以及地面上用来收集能量的天线。

第四节　太阳能电池在其他领域的中的应用

一、太阳能电池在家电中的应用

太阳光伏发电进入家电领域后，各种各样的太阳家电新产品应运而生，如太阳庭院灯、草坪灯、太阳风扇、太阳电视、太阳电话、太阳计算机、太阳空调、太阳照相机、太阳风扇凉帽等。家用电器使用的电源分为直流和交流两种，相应的太阳光伏家电也会有直流交流之分。图7-3和图7-4所示为太阳能电池充电的笔记本式计算机。

图 7-3　太阳能电池充电的笔记本式计算机

二、其他地面太阳能电池电源的应用

（一）光伏水泵

光伏水泵通常不需要蓄电池，而由太阳能电池组件直接带动水泵工作。目前国际上发展的太阳水泵类型主要分为单体漂浮水泵和深井抽水泵。大型光伏水泵站常备有逆变器，首先将太阳能电池组件的直流电变为交流电，然后交流电带动水泵工作，这样可以与常规电互补。从近几年光伏水泵的发展来看，尽管光伏组件成本较高，光伏水泵系统一次性投入偏大，但是它的运行成本低、维护少、使用寿命长，通常较小型柴油机抽水更合算。特别对于太阳辐射强的干旱地区，发展光伏水泵具有良好的前景。

（二）畜牧围栏

草场放牧采用围栏可以防止牲畜乱跑，做到有计划轮牧，保护草场，提高载畜量。实行这种科学的放牧制，首先要具备供电条件。但在辽阔的草原上，特别是边远地区的草场，往往都缺电，如果专门配备长途输电线的话成本又太高。若利用太阳供电可以使电围栏技术得到推广。电围栏主要是通过脉冲发生器，产生不低于3000V的高压脉冲，脉宽为0.3s左右，但电流非常小。将这种高压低电流的脉冲电流送到铁丝网上去，一旦牲畜要越网而触及铁丝，就会产生麻电感觉，但又不至于伤害牲畜，经过一段时间的适应，牲畜就会形成条件反射，不敢再随便触网，而能在围圈的周围内吃草生息。这种围栏设施易于搬迁，耗电不多，还可以兼做牧民的照明或者收看电视的电源。

（三）农林业方面

农业和林业可以大量利用太阳能电池作为电源。例如，在植物保护、森林防火、橡胶采集等方面，已有太阳喷雾器、防火报警器、太阳割胶灯等产品。

（四）太阳能玩具

太阳能小玩具造型美观，并能起到对小朋友宣传洁净能源的良好作用。各种太阳能玩具车、玩具娃娃等较受欢迎，并且具有广阔的市场前景。只需要一小块 $5cm \times 5cm$ 大小的单晶硅太阳能电池片就能够在夏日阳光下发电驱动小风扇给你带来凉风。

参考文献

[1] 高翔.光伏电站用储能电池的发展现状及应用前景综述 [J].太阳能，2022（9）：1.

[2] 学文，詹松，巴鑫，等.太阳能电池与储能系统集成技术研究进展 [J].节能，2023，42（6）：90-93.

[3] 秦帅.太阳能光伏发电技术的应用与发展 [J].电力系统装备，2021（18）：2.

[4] 胡恒武，查旭东，吕瑞东，等.基于光伏发电的道路能量收集技术研究进展 [J].材料导报，2022，36（20）：12.

[5] 曾勇，张光亚，黄炎.一种车载太阳能充电系统的原理与应用研究 [J].时代汽车，2023（15）：114-116.

[6] 刘宇轩，杜永英.浅谈太阳能光伏发电技术 [J].电大理工，2022（4）：7-11.

[7] 苏春阳.浅析光伏电池的应用及发展前景 [J].中文科技期刊数据库（全文版）工程技术，2021（3）：1.

[8] 谈怡君，夏美娟，郝培华，等.太阳能板跟踪控制系统虚拟仿真实验开发与应用 [J].西南师范大学学报（自然科学版），2022（6）：47.

[9] 唐安国.光伏发电系统安装施工技术的应用分析 [J].低碳世界，2022，12（12）：88-90.

[10] 陶国均邵蒋宁诸荣耀倪晟炜徐波.储能技术在光伏发电系统中的应用 [J].安防科技，2021（4）：58.

[11] 向征，李自强.基于并网太阳能光伏/电池系统的无线网络低功耗供电策略 [J].电力系统保护与控制，2022，50（2）：11.

[12] 马梓璇，张昱曈，颜胜，etal.一种基于太阳能的氢燃料电池汽车自产氢

供应系统［J］．应用能源技术，2021（6）：3．

［13］张龙，李金海，高宇，等.太阳能光伏发电系统在某水泥厂的应用［J］．水泥，2022（11）：12-13．

［14］郭小亚，杨成志，尹子蘅.太阳能发电技术的综合评价及应用前景解析［J］．电气技术与经济，2023（3）：160-163．

［15］庄建铨.太阳能跟踪控制系统的设计与应用［J］．机电工程技术，2022，51（11）：231-234．

［16］宋山茂.太阳能光伏发电与并网技术的应用解析［J］．科技资讯，2023，21（8）：60-63．

［17］彭建军.太阳能LED路灯系统的设计与应用［J］．智能建筑与城市信息，2021，000（001）：68-69，80．

［18］秦帅.太阳能光伏发电技术的应用与发展［J］．电力系统装备，2021（18）：33-34．

［19］钟倩倩.离网太阳能发电系统在天然气管道输送工程中的应用［J］．电工技术，2023（14）：75-76．

［20］沈弘.光伏新能源技术在城市智能建筑电气中的应用［J］．光源与照明，2022（8）：3．

［21］田丰，何杰.基于太阳能的旋耕机智能控制系统设计［J］．农机化研究，2021，43（7）：5．

［22］刘宗煜.基于钒电池储能系统用管理系统的模块化开发分析［J］．中文科技期刊数据库（引文版）工程技术，2022（12）：3．

［23］杨博，朱昊.太阳能供电定位报警系统的设计［J］．国外电子测量技术，2022（1）：41．

［24］董佳琦，黄圣恩.太阳能叠光在通信基站中的应用分析［J］．通信电源技术，2022，39（19）：13-15．

［25］闪锦淮.光伏直驱空调系统性能的理论与实验研究［D］．重庆大学，2021．

［26］杨逸.光伏发电系统现场调试技术研究［J］．中国科技投资，2021（16）：2．

［27］童俊杰，叶成彬，陈贤钰，等.基于太阳能的电动车光蓄能源供电管理系统［J］．环境技术，2021，39（3）：7．

［28］张商州，苏晨龙，张凯.太阳能无线充电器的设计与应用［J］．自动化与仪器仪表，2021（11）：0．

［29］薛志凌，孟令军，王佳军，等.融合卡尔曼滤波的太阳能供电系统设计

[J].电子测量技术，2021，44（10）：5.

[30] 汤梓涵，鞠振河，王玥.电动汽车自适应太阳能供电系统开发与实践[J].电工技术，2023（10）：76-79.

[31] 高瑞敏，王新科.嵌入式温室大棚太阳能供电网络管理系统设计[J].农机化研究，2023，45（8）：79-83.

[32] 卢岳，葛杨，隋曼龄.紫外光辐照下CH3NH3PbI3基钙钛矿太阳能电池失效机制[J].物理化学学报，2022，38（5）：11.

[33] 周卓阳，吴舸，田雅静，等.热光伏发电技术综述[J].中文科技期刊数据库（全文版）工程技术，2022（8）：3.

[34] 孙宏振，夏国强，郑凯杰，等.基于太阳能的新型双层呼吸窗的设计及验证[J].建筑节能（中英文），2022，50（3）：6.

[35] 尹勇，杨洪海，苏亚欣，等.聚光型太阳能光伏光热系统研究进展[J].热能动力工程，2022（1）：37.

[36] 王娜.太阳能飞行器设计与应用研究——北京航空航天大学孙康文副教授[J].科技成果管理与研究，2022（1）：2.

[37] 薛春荣，钱斌.太阳能光伏技术实践教程[M].科学出版社，2021.

[38] 刘浩宇.风力发电技术和光伏发电技术综合分析[J].科学与信息化，2021，（11）：79，83.

[39] 丁祥.风光互补发电系统应用研究[J].休闲，2021（26）：1-2.

[40] 周櫺颜.太阳能智能充电器单片机控制技术[J].信息记录材料，2021（9）：22.

[41] 王鑫.太阳能电池技术与应用[M].化学工业出版社，2022.

[42] 郭琪瑶，段加龙，赵媛媛，etal.混合能量采集太阳能电池—从原理到应用[J].化学进展，2023，35（2）：12.

[43] 刘文富，王银铃，李建功.高效太阳能电池核心关键技术研发及应用[J].中国科技成果，2022，23（22）：3.

[44] 白浩良，王晨，卢静，etal.聚光光伏系统太阳能电池散热技术及发展现状[J].化工进展，2023，42（1）：159-177.

[45] 吕玉荣.太阳能电池的发展背景及应用[J].化工时刊，2021（2）：8.

[46] 尹淑慧，袁颖奇，刘文超，等.碳材料电极在无空穴传输层钙钛矿太阳能电池中的应用进展[J].大连海事大学学报，2021，47（2）：10.